WILLKÜR

ODER

MATHEMATISCHE ÜBERLEGUNG

BEIM BAU DER

CHEOPSPYRAMIDE?

VON

ING. K. KLEPPISCH

DRUCK UND VERLAG VON R. OLDENBOURG

MÜNCHEN UND BERLIN 1927

Vorwort.

Nachdem L. Borchardt und I. H. Cole in den letzten Jahren gründliche Vermessungen an der Großen Pyramide bei Gise vorgenommen[1]), ist die mathematische Seite des Problems insofern in ein neues Stadium getreten, als diese Vermessungen Anlaß dazu gaben, die von mir vertretene Oberflächentheorie der Pyramide auf Grund der neu festgestellten Maße nachzuprüfen.

Das Resultat dieser Prüfung ist, wie hier im voraus bemerkt sei:

Die neuen Borchardt-Coleschen Maße widersprechen der Oberflächentheorie nicht, sondern geben ihr im Gegenteil eine noch festere zahlenmäßige Begründung als die seinerzeit von Petrie festgestellten Abmessungen.

Für die Oberflächentheorie wurde seinerzeit von mir ein durch Vernunftgründe prüfbarer, also wissenschaftlicher Gedankengang in einer Abhandlung: „Die Cheopspyramide ein Denkmal mathematischer Erkenntnis"[2]) festgelegt, der, alles zusammenfassend, was für und wider diese Theorie vorgebracht werden konnte, darin gipfelt, daß das Maßverhältnis der Großen Pyramide am einfachsten durch die Oberflächentheorie erklärt werden kann, und zwar auf einer Wissensgrundlage, die nüchtern-kritischer Verstand den alten Ägyptern ohne weiteres zugestehen muß.

Nichtsdestoweniger erstand dieser Theorie ein Gegner in L. Borchardt, der jede gewollte mathematische Beziehung in den Abmessungen der Großen Pyramide bestreitet. Eine Auseinandersetzung mit ihm wird gerade durch seine eigenen neuesten Messungen an der Pyramide zur unabweisbaren Notwendigkeit und ist der Zweck der vorliegenden Schrift, deren polemische Form sich daher nicht vermeiden ließ.

Ein kurzer Abriß der Oberflächentheorie wurde eingefügt, um auch Leser, die den Inhalt der erwähnten Abhandlung (im folgenden „Hauptschrift" genannt) nicht kennen, mit dem Wesen der Theorie bekannt zu machen.

Warschau, im März 1927.

K. Kleppisch.

---

[1]) L. Borchardt, »Längen und Richtungen der vier Grundkanten der Großen Pyramide bei Gise«, Berlin 1926.
[2]) München 1921.

Inhalt.

Seite

I. Die Mathematik bei den alten Ägyptern und ihren
  Bauten 1

II. Das Oberflächenverhältnis der Cheopspyramide . . 7

III. Willkür oder mathematische Überlegung beim Bau
  der Großen Pyramide? *Eine Auseinandersetzung mit
  dem Verfechter der Willkürtheorie* 13

I. Die Mathematik bei den alten Ägyptern und ihren Bauten.

Es ist noch nicht so lange her, daß man den alten Griechen in der Mathematik vorbehaltslos vollkommene Originalität zugestand. Noch um die Mitte des vorigen Jahrhunderts begann für uns die Geschichte der Mathematik mit Euklid, dem Vater der Geometrie (um 300 v. Chr.). Wenn auch bei ihm die Geometrie schon in einer logischen Vollendung auftritt, die unbedingt das Produkt einer langen Entwicklungsreihe sein muß, so besitzen wir von den Griechen doch keine älteren mathematischen Dokumente als seine — uns nur zum Teil erhaltenen — Schriften.

Was uns von seinen Vorgängern bekannt wurde, verdanken wir den Andeutungen späterer griechischer Schriftsteller. Wenn diese — an Hand schriftlicher oder mündlicher Überlieferungen — die vor Euklid liegende Entwicklung der Mathematik seinen griechischen Vorgängern zuschrieben, so müssen wir ihnen hierin guten Glauben zubilligen. Denn Euklid sowohl wie seine Vorgänger hatten andere Anschauungen über „Quellenstudium" als wir; mit Quellenhinweisen gaben sie sich nicht ab, und erst der nach Christi Geburt aufgekommenen Sitte des Zitierens verdanken wir, was wir über Euklids Vorgänger wissen. Und das ist nicht viel und vor allem nichts Sicheres. Ist schon von Euklid weder Herkunft noch genaue Lebenszeit bekannt, so verlieren sich die spärlichen Nachrichten über Pythagoras (580—501 v. Chr.) und Thales (624—548 v. Chr.) geradezu ins Mythische. Über die Zeit von Thales hinaus — und zwar nicht nur bei den Griechen — waren uns Quellen der Mathematik überhaupt nicht bekannt. Eudemos und Proklos deuten zwar an, daß die Vorgänger Euklids ebenso wie dieser sich zwecks mathematischen Studiums in Ägypten aufhielten und die Geometrie von dort nach Hellas brachten. Auch Herodot (484—425 v. Chr.) berichtet, daß die Griechen die Geometrie von den Ägyptern und die Astronomie von den Babyloniern erlernten. Aber alle diese Hinweise wurden ihres unkritischen Charakters halber als unzuverlässig angesehen. Vielleicht wußte man auch nichts Rechtes mit ihnen anzufangen, denn über die Mathematik der Ägypter und Babylonier war man um die Mitte des vorigen Jahrhunderts vollständig im dunkeln. Nichts natürlicher sonach, als daß man aus dem Nichtbekanntsein auf ein Nichtvorhandensein schloß.

Da änderte sich mit einem Male das Bild. Jn der zweiten Hälfte des 19. Jahrhunderts begann sich als Folge umfangreicherAusgrabungen an den verschiedensten Stellen in Babylonien und Ägypten das herrschende Dunkel etwas zu lichten. Als Ergebnis der bisherigen babylonischen Ausgrabungen besitzen wir unter anderm die „Tafeln von Senkereh" (4. Jahrtausend v. Chr.), die Bibliothek Asurpanipals, des Sardanapal der Griechen (7. Jahrhundert v. Chr.), von welcher sich bereits Tausende sorgfältig beschriebener gebrannter Tontafeln im Britischen Museum befinden, das Archiv des Sonnentempels von Sepharwaim und die Bibliotheken des Balstempels von Nippur (3. Jahrtausend v. Chr.). Von letzteren erscheint mit den bisher aufgefundenen mehr als 20 000 Tontafeln noch nicht der zehnte Teil der vorhandenen Schätze gehoben.

Auch in Ägypten war man unterdessen nicht müßig. Der „Papyrus Rhind" gab uns mit dem „Rechenbuch des Ahmes"[3]) unsere heutige Hauptquelle für ägyptische Mathematik, die, um 1700 v. Chr. entstanden, sich auf ältere uns unbekannte Quellen stützt, die bis 2000 v. Chr. zurückgehen. Die Schenkungsurkunde von Edfu auf der Umfassungsmauer des Horustempels und das „Dekret von Canopus" stammen aus den ersten Jahrhunderten v. Chr. Die Petrieschen Papyri von Kahun reichen noch um 500 Jahre weiter zurück.

Den Inhalt aller dieser Nachrichten aus grauer Vorzeit zu erforschen ist Aufgabe der Spezialliteratur. Es wurden in Nippur u. a. Einmaleins-Tafeln aufgefunden, die bis zur Zahl 1350 reichen. Was dies bedeutet, wird klar, wenn man erfährt, daß dem Rektor der Sorbonne vom Jahre 1328 als hohes wissenschaftliches Verdienst angerechnet wurde, daß er das Einmaleins bis 50 fortsetzte.

Trotzdem die Ausbeute in mathematischer Hinsicht, gemessen an dem Nichts, das vor Mitte des 19. Jahrhunderts bekannt war, überraschend groß erscheint, ist sie doch, absolut genommen, noch immer betrübend klein.

Die Ursachen hiervon sind leicht einzusehen. Die für die Entzifferung der Tafeln allein in Frage kommenden Orientalisten — humanistischen Bildungsganges — wenden ihr Interesse allen anderen Kulturgebieten des grauen Altertums eher zu als der ihnen unverständlichen Mathematik.

---

[3]) Eisenlohr, »Ein mathematisches Handbuch der alten Ägypter (Papyrus Rhind des British Museum)«, Leipzig 1877.

Wenn diese — wie sie von den alten Völkern betrieben wurde — auch sicherlich nicht den Umfang eines Primaner-Wissens übersteigt, so bieten die aufgefundenen Dokumente der mathematischen Erklärung doch eigenartige Schwierigkeiten, die nur der Mathematiker verständnisvoll überwinden kann. So kommt es, daß Eisenlohr bei Entzifferung des Rechenbuches des Ahmes die Hilfe seines Bruders und Cantors in Anspruch nehmen mußte; ebenso bedurfte der Leiter der Ausgrabungen in Nippur mathematischer Unterstützung, und Lepsius, der als einer der ersten die Tafeln von Senkereh behandelte, mußte sich von Simon den Vorwurf mangelnder mathematischer Kenntnisse gefallen lassen (vgl. S. 37). Andrerseits gehören Hieroglyphen und Keilschrift nicht zu dem Rüstzeug des Mathematikers. Geht infolgedessen die Entzifferung der mathematischen Funde nur langsam vonstatten, so können bei dem ständig wachsenden Umfange dieser Funde und dem kleinen Kreise von Fachgelehrten noch Jahrzehnte, wenn nicht Jahrhunderte vergehen, bevor man ein geschlossenes Bild babylonischer Mathematik erhält. Immerhin, diese Möglichkeit besteht, denn die Unterlagen sind vorhanden oder können noch gefunden werden, da sie, auf dauerhaft gebrannten Tontafeln geschrieben, fast unverwüstlich sind.

Anders verhält es sich dagegen mit Ägypten. Von Mauerinschriften abgesehen, ist das ägyptische Dokument die Papyrus- und die Lederrolle. Der Großteil der vorhanden gewesenen Schriften ging wohl mit dem Museion und Serapeion zugrunde; allenfalls noch nicht aufgefundene können — selbst wenn sie aus vorzüglichen Stoffen gefertigt waren — die Jahrtausende nicht in gleicher Weise überdauern wie die Tontafeln Babyloniens.

Und nach ihrer Auffindung zeigen sich ungeahnte Schwierigkeiten. Im Britischen Museum befindet sich aus dem Nachlasse von Rhind eine Lederrolle mathematischen Inhalts, in welcher das Original des Rechenbuchs des Ahmes vermutet wird. Sie hat infolge ihres spröden Zustandes der Aufrollung bisher unüberwindliche Schwierigkeiten entgegengesetzt. Mit der Länge der Zeit schreitet aber die Zermürbung der alten Urkunden immer weiter fort, und damit werden die Aussichten auf eine Vermehrung unserer Kenntnisse über die ägyptische Mathematik, wenn überhaupt Niederschriften darüber existieren, immer geringer.

Es ist aus diesem Grunde unrichtig, den Umfang der ägyptischen Mathematik allein zu bemessen nach dem Umfange des auf uns überkommenen Urkundenmaterials. Dagegen spricht eine ganze Reihe von Überlegungen.

„Die Mathematik als Wissenschaft war in Ägypten das ausschließliche Eigentum der Priesterkaste und wurde in der Priesterschaft als eine Geheimwissenschaft getrieben und vor dem Volke verborgen."[4]

War dies der Fall und haben die Priester dem Volke nur das für das alltägliche Leben nötige Maß von Rechenkunst zukommen lassen, so läßt sich die von ihnen wissenschaftlich betriebene Mathematik nach dem Rechenbuch des Ahmes von uns ungefähr in gleicher Weise beurteilen, wie das weitausgreifende Gebäude der heutigen Mathematik, nach dem etwaigen Untergange unserer Kultur, von unserer Nachwelt auf Grund eines allenfalls ausgegrabenen Schullehrbuches eingeschätzt werden müßte.

Was die Priester aber vor dem eigenen Volke geheimhielten, gaben sie sicherlich nicht den übers Meer gekommenen Fremdlingen preis. Erhielten die Griechen somit nur Kenntnis von Dingen, die den Priestern der Geheimhaltung nicht — oder nicht mehr — wert erscheinen mochten, so gibt auch das, was die Griechen nachweisbar von den Ägyptern entlehnten, noch lange kein Bild von dem wirklichen Umfange der frühen ägyptischen Mathematik.

Nun waren die Ägypter nach allem, was wir heute schon über sie wissen, ein außerordentlich begabtes Volk, das zu verschiedenen Zeiten eine erstaunliche Höhe der Kultur erreichte. Es fällt schwer, diese gerade in der Mathematik als nicht vorhanden anzunehmen. Wir wissen heute, daß die Ägypter schon vor 4000 Jahren eine großartig organisierte Verwaltung in Verbindung mit geordnetem Steuerwesen und ebensolcher Rechtspflege besaßen. Logisch geschulter Verstand mußte sonach bei den Führern vorhanden sein. Die regelmäßig wiederkehrenden Überschwemmungen erforderten ausgedehnte Landvermessungen und großartige Wasserbauten. Gerade diese Leistungen, die zu ihrer Erzielung mathematische Kenntnisse von einer gewissen Höhe zur selbstverständlichen Voraussetzung haben, müssen unsere Überzeugung von dem Vorhandensein solcher Kenntnisse, auch ohne urkundliche Nachweise, in hohem Maße stärken. Wohl keiner hat die ungeheure Lebens- und Kulturkraft dieses seltsamen Volkes besser gekennzeichnet als S p e n g l e r, wenn er sagt:

„Man schreibt und redet nicht; man bildet und tut. Ein ungeheures Schweigen — für uns der erste Eindruck alles Ägyptischen — täuscht über die Macht dieser Vitalität. Es gibt keine Kultur von höherer Seelen-

---

[4] E. H o p p e, »Mathematik und Astronomie im klassischen Altertum«, Heidelberg 1911, S. 7.

kraft. Keine Agora, keine geschwätzig-antike Öffentlichkeit, keine nordischen Berge von Literatur und Publizistik, nur sachlich-sichere, selbstverständliche Wirksamkeit. Einzelnes wurde schon erwähnt. Ägypten besaß eine Mathematik höchsten Ranges, aber sie äußerte sich durchaus in einer meisterhaften Bautechnik, einem unvergleichlichen Kanalsystem, einer erstaunlichen astronomischen Praktik, ohne auch nur ein theoretisches Buch zu hinterlassen (denn das ‚Rechenbuch des Ahmes‘ wird man nicht ernst nehmen wollen).“[5])

Wendet sich jedoch der Blick zu den Kunstbauten der Ägypter, so offenbart sich da Geometrie in höchster Vollendung. Ist Architektur doch immer nur angewandte, zum mindesten empfundene Geometrie gewesen. Je strenger, je wuchtiger der Stil, desto reiner das Heraustreten der geometrischen Linie. Der griechische Tempelgiebel, der romanische Rund-, der gotische Spitzbogen beweisen hier mehr als Worte. Spengler prägt auch hier lapidare Worte: „Gotische Dome und dorische Tempel sind steingewordene Mathematik.“[6])

Die Bauten der Ägypter zeigen durchweg eine Reinheit der geometrischen Linie, die nicht anders entstanden gedacht werden kann als durch geometrische Überlegungen vollkommenster Art. Ihre Architektur gibt uns damit das Bild einer, wenn auch nur von einem kleinen Kreise betriebenen mathematischen Wissenschaft, wie es uns niemals aus vergänglichen Papyri so überzeugend entgegentreten kann und wird. Und dieses Bild reicht hinab bis zu den ältesten ihrer Bauwerke — den Pyramiden. Die Pyramide ist die geometrische Linie, die geometrische Form in Reinkultur. Mag sie welchem Zwecke immer gedient haben, bei der Festlegung ihrer Form geometrische Überlegungen verneinen zu wollen, hieße jegliche Logik verleugnen. Die streng geometrische Form dieser ältesten ägyptischen Baudenkmäler, namentlich aber der gewaltigen Cheopspyramide — die immer aufs neue unser Erstaunen herausfordert, je mehr die geradezu wunderbare Genauigkeit ihrer Ausführung durch immer gründlichere Messungen festgestellt wird — kann kein Zufall sein, wenigstens nicht für den, der auch nur das geringste Verständnis für Mathematik besitzt.

Es sei aber schon an dieser Stelle eine strenge Scheidelinie gezogen zwischen den durch nichts begründeten Phantastereien eines Taylor,

---

[5]) Oswald Spengler, »Der Untergang des Abendlandes«, München 1920, Bd. 1, S. 279.

[6]) Ebenda, S. 84.

Piazzi Smyth, Noetling u. a.[7]) und der vom Verfasser vertretenen nüch-
ternen Oberflächentheorie, die, durchaus im Bereiche der elementaren
Geometrie liegend, bei den alten Ägyptern nichts Unmögliches voraussetzt. Sie ist in der ,,Hauptschrift'' ausführlich klargelegt auf dem Wege,
auf dem sie aufgefunden wurde; im folgenden soll nur so weit auf sie
eingegangen werden, als es zum Verständnis der Auseinandersetzung
mit Borchardt unumgänglich nötig erscheint.

---

[7]) Wer sich über diese phantastischen Erklärungsversuche in Kürze orientieren
will, findet sie in der lesenswerten kritischen Studie: Dr. K. Rosenberg, »Das Rätsel
der Cheopspyramide«, Wien 1925.

II. Das Oberflächenverhältnis der Cheopspyramide.

Der englische Ägyptologe Flinders Petrie hat in den Jahren 1881/82 neue Messungen auf dem Pyramidenfelde von Gise vorgenommen, die bis zu dem Zeitpunkte der letzten Vermessungen Borchardts allgemein als die gründlichsten und zuverlässigsten anerkannt wurden.

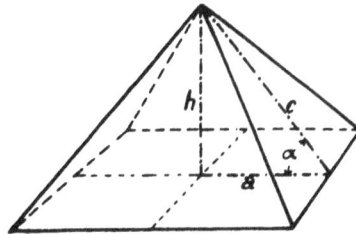

Bezeichnet man gemäß nebenstehender Abbildung die halbe Seitenlänge, die Höhe und den Neigungswinkel der Pyramide mit a, h und α, außerdem die Höhe der Manteldreiecksfläche mit c, so bestimmte Petrie durch Messung in engl. Zoll

die mittlere Seitenlänge mit . . . . $2a = 9068{,}8 \pm 0{,}65$
den Basiswinkel mit . . . . $\alpha = 51^{\circ}52' \pm 2''$
und berechnete hieraus die Höhe . . . . . . $h = 5776{,}0 \pm 7{,}0$[8])

Für die bei dem Bau der Großen Pyramide verwendete altägyptische Elle kam Petrie zu dem Schlusse, daß sie eine Länge von 20,612 engl. Zoll hatte und demnach die Hauptdimensionen der Pyramide in altägyptischem Maßstabe mit größter Wahrscheinlichkeit angenommen werden dürfen mit

$$2a = 440 \text{ Ellen und}$$
$$h = 280 \text{ Ellen.}$$

Tatsächlich liegen diese Werte, umgerechnet in engl. Zoll, innerhalb der oben von Petrie angegebenen Grenzen.

Aus $a = 220$ und $h = 280$ ergibt sich nach Pythagoras

$$c = 356{,}089877 \ldots \text{ Ellen.}$$

Bildet man

$$\frac{a}{h} = \frac{220}{280} = 0{,}785714\ldots \text{ und } \frac{h}{c} = \frac{280}{356{,}089877} = 0{,}786318\ldots,$$

---

[8]) »The Pyramids and Temples of Gizeh«. By W. M. Flinders Petrie, London 1883, Abschnitt 21 bis 25.

so erkennt man, daß mit außerordentlich großer Annäherung zwischen den drei Hauptmaßen der Pyramide die Proportion besteht

(1) . . . . $a : h = h : c$, wobei $c^2 = a^2 + h^2$.

Nimmt man dies Maßverhältnis als ein von dem Pyramidenbaumeister beabsichtigtes an und bringt es in die Form

$$a^2 : h^2 = h^2 : c^2, \text{ wobei } c^2 = a^2 + h^2,$$

so wird

$$a^2 : h^2 = h^2 : (a^2 + h^2),$$

und da nach Gleichung (1)

$$h^2 = a\,c, \text{ so ergibt sich}$$
$$a^2 : a\,c = a\,c : (a^2 + a\,c).$$

Wird diese Gleichung in sämtlichen Gliedern vervierfacht, so erhält man als Endergebnis

(2) . . . . . $4\,a^2 : 4\,a\,c = 4\,a\,c : (4\,a^2 + 4\,a\,c)$.

Nun ist aber

$4\,a^2$ die Grundfläche der Pyramide,

$4\,a\,c$ die Mantelfläche der Pyramide, bestehend aus den vier Dreiecken des Flächeninhalts $a\,c$, und

$4\,a^2 + 4\,ac$ demnach die Gesamtoberfläche der Pyramide.

Gleichzeitig erkennt man aus Gleichung (2), daß eine Größe $(4\,a^2 + 4\,ac)$ geteilt erscheint in zwei ungleiche Teile $4\,a^2$ und $4\,ac$ derart, daß der kleinere Teil sich zum größeren verhält, wie dieser zum Ganzen. Diese Teilung ist aber keine andere als der sogenannte „Goldne Schnitt".

In Worten lautet daher dieses überraschende Ergebnis:

Die Gesamtoberfläche der Cheopspyramide erscheint nach dem Goldnen Schnitte geteilt, derart, daß sich die Grundfläche zur Mantelfläche wie die Mantelfläche zur Gesamtoberfläche verhält.

In diesem Oberflächenverhältnis offenbart sich der leitende Gedanke im Bau der Großen Pyramide in erhabener Einfachheit, die das Wesen des Bauwerks ist.

Dieses an sich schon merkwürdige Oberflächenverhältnis, das den Dimensionen der Großen Pyramide erst einen einfachen und realen Sinn unterlegt, bedingt aber noch eine ganze Reihe mathematisch interessanter Maßeigenschaften dieser Pyramide.

Aus den oben abgeleiteten Hauptgleichungen der Pyramide

(1) . . . $a:h = h:c$ . . . ., wobei $c^2 = a^2 + h^2$,

(2a) . . . $a:c = c:(a+c)$ . . [Gleichung (2) durch 4 a gekürzt]

folgt für das halbe rechtwinklige Querschnittsdreieck mit den Katheten a und h und der Hypotenuse c:

$a:h = h:c$ . . . Dreieckseiten stehen in stetigem Verhältnis,

$a^2:h^2 = h^2:(a^2+h^2)$ Quadrate der Dreieckseiten stehen im Verhältnis des Goldnen Schnittes, Kathetenquadrate teilen demnach Hypotenusenquadrat ebenfalls im Verhältnis des Goldnen Schnittes;

für die gesamte Pyramide:

$h^2 = ac$ . . . . . Quadrat üb. Höhe = Manteldreieck,

$4h^2 = 4ac$ . . . Quadrat üb. doppelter Höhe . . = Mantelfläche,

$4c^2 = 4a^2 + 4ac$ Quadrat üb. doppelter Manteldreieckshöhe . . = Gesamtoberfläche,

$4(a^2+h^2) = 4a^2 + 4ac$ 4fache Summe d. Quadrate üb. halber Seitenlänge und Höhe = Gesamtoberfläche,

$2(a^2+h^2+c^2) = 4a^2+4ac$ 2fache Summe d. Quadrate üb. halber Seitenlänge, Höhe und Manteldreieckshöhe . . . . . = Gesamtoberfläche,

$4ad = 4a^2 + 4ac$ 4faches Rechteck über halber Seitenlänge und Summe von $a+c$ = Gesamtoberfläche.

Bemerkenswert erscheint weiter, daß nicht nur die Grundfläche, sondern auch die Mantel- und Gesamtoberfläche je gleich sind dem

Quadrate einer verdoppelten Seite des halben Pyramiden-Querschnittsdreiecks. Es ist

$$\text{Grundfläche} \ldots \ldots = 4a^2$$
$$\text{Mantelfläche} \ldots \ldots = 4h^2$$
$$\text{Gesamtoberfläche} \ldots = 4c^2.$$

Stimmt man der Annahme zu, daß der Schöpfer der Pyramide,
der mit ihrem B a u m e i s t e r nicht identisch zu sein braucht, durch
seine mathematischen Kenntnisse imstande war, den Bau der Pyramide
in der hier vertretenen Weise auf das Verhältnis des Goldnen Schnittes
zu begründen, so ist auch der Schluß berechtigt, daß ihm die vorstehenden
Beziehungen zum Teil oder insgesamt bekannt waren. Trifft dies aber zu,
so wäre es im Geiste der damaligen Zeit wohl zu verstehen, daß Menge
sowohl wie Art dieser ungewöhnlichen Beziehungen dem Verhältnisse,
das die Ursache von alledem war, den Stempel des Wunderbaren aufprägte, und daß der Gedanke Raum gewinnen konnte, dieses wunderbare Verhältnis in einem massigen Bauwerke verkörpert der Nachwelt
zu überliefern.

Als Form desselben eignete sich die vierseitige quadratische, entsprechend bemessene Pyramide wohl am besten, denn nur an dieser
treten die erwähnten Beziehungen in solcher Mannigfaltigkeit und doch
zugleich in solch ursprünglicher geometrischer Einfachheit auf, daß dadurch noch heute unsere Bewunderung erregt wird. Die Frage nach dem
eigentlichen Zwecke des Bauwerks soll hierdurch nicht berührt werden,
denn das Bauwerk an sich konnte sehr wohl gleichzeitig anderen Ursachen seine Entstehung verdanken oder einem Zwecke dienen, der nicht
im Zusammenhang mit den baulichen Grundsätzen der Pyramide zu
stehen brauchte.

Es erscheint nötig, dies zu betonen, um im voraus der Ansicht zu
begegnen, die eigentliche Ursache für die Entstehung der Pyramide und
damit der Zweck derselben sei die Versinnbildlichung des Goldnen
Schnittes durch das Oberflächenverhältnis. Ebenso wie für ein Bauwerk
ohne Beeinträchtigung seines Zweckes der gotische, romanische oder
irgendein anderer Baustil gewählt werden kann, hätte der Pyramide,
ohne ihren heute noch unbekannten Zweck zu schädigen, auch ein anderes
Maßverhältnis zugrunde gelegt werden können. Warum der Baumeister
unter der unendlich großen Zahl der möglichen Verhältnisse gerade das
des Goldnen Schnittes bevorzugte, darüber wird noch zu sprechen sein.

Die oben angeführten geometrischen Beziehungen sind außerdem
frei von dem Vorwurfe, der Wunsch sei auch hier der Vater des Ge-

dankens und lese aus den Maßen der Pyramide nicht nur etwas heraus, was niemals darin gelegen, sondern versuche, wie so oft, die Anpassung der Dimensionen an die Theorie, statt den umgekehrten Weg zu verfolgen. Demgegenüber ist es nötig, darauf hinzuweisen, daß die hier aufgestellte Oberflächentheorie, weil Verhältnistheorie, von den durch Messung gewonnenen absoluten Dimensionen unmittelbar überhaupt nicht abhängt. Da jeder gewissenhafte Forscher nur die ihm und seinen Instrumenten eigentümlichen Meßfehler begangen haben kann, die den gemessenen Strecken jederzeit mehr oder weniger proportional sind, so ist klar, daß die Verhältnisse dieser Meßresultate bei den verschiedenen Forschern immer nahezu den gleichen Wert ergeben müssen.

Erscheint in der Verhältnistheorie demnach der unmittelbare Einfluß der Messungen ausgeschaltet, so stellen die oben angegebenen Beziehungen den abstrakten geometrischen Inhalt der Theorie dar, welcher als solcher unanfechtbar ist.

Die vorstehend entwickelte Theorie besitzt selbstverständlich nur dann mathematische Richtigkeit, wenn die Abmessungen der Pyramide theoretisch genau den beiden Hauptgleichungen (1) und (2a) Genüge leisten. Diese theoretischen Werte der Pyramidenmaße berechnen sich, unter Annahme von $(a + c) = 576$ Ellen als Ausgangsstrecke für den Goldnen Schnitt, mit

$$a = 220{,}012422\ldots \text{ Ellen als halber Basis,}$$
$$c = 355{,}987578\ldots \quad \text{,,} \quad \text{,,} \quad \text{Manteldreieckshöhe,}$$

somit $a + c = 576{,}000000 \quad$,, ,, Ausgangsstrecke und
$h = \sqrt{c^2 - a^2} = 279{,}8601 \ldots\ldots$,, ,, Höhe der Pyramide.

Nun stellen aber die abgerundeten Werte

$$a = 220 \text{ Ellen}$$
$$c = 356 \quad \text{,,}$$
$$a + c = 576 \quad \text{,,}$$
$$h = 280 \quad \text{,,}$$

wie in der „Hauptschrift" S. 20 ff. ausführlich rechnerisch begründet, die bestmögliche Annäherung an obige irrationale, theoretisch aus dem beabsichtigten Oberflächenverhältnis resultierende Dimensionengruppe dar, wie sie besser auch mit unseren heutigen mathematischen Behelfen nicht erzielt werden könnte. Die abgerundeten Werte

4*

von a und c weisen gegenüber ihren theoretischen Werten nur einen Unterschied von

$$0,012422\ldots \text{ Ellen} = \text{ungefähr } 0,65 \text{ cm}$$

auf.

Die Frage, ob dem Bau der Pyramide die theoretischen oder die abgerundeten Maße zugrunde gelegt wurden, erscheint müßig, da sie auch bei vollständig erhaltenem Bauwerke infolge Überdeckung des geringen Unterschiedes durch Ausführungs- und Meßfehler nicht in einer jeden Zweifel ausschließenden Weise beantwortet werden könnte.

Weitere Einzelheiten und eingehende Begründung der Oberflächentheorie unter den verschiedensten Gesichtspunkten sind aus der „Hauptschrift" zu ersehen, die sich auch mit den anderen bisherigen Lösungsversuchen des Pyramidenproblems auseinandersetzt.

III. Willkür oder mathematische Überlegung beim Bau der Großen Pyramide?

Eine Auseinandersetzung mit dem Verfechter der Willkürtheorie.

Die „Hauptschrift" war vom Verfasser u. a. dem ehemaligen Direktor des Kaiserlich Deutschen Instituts für ägyptische Altertumskunde in Kairo, Herrn Geh. Regierungsrat Prof. Dr. L. Borchardt in Berlin, übermittelt worden.

Der Gegensatz des Standpunkts Borchardts zu der Anschauung des Verfassers, sowie die Art der beiderseitigen Argumentation wird am besten gekennzeichnet durch Wiedergabe zweier Schreiben, die — unter Weglassung der Höflichkeitswendungen — lauten:

Borchardt an Kleppisch:

„*Berlin*, *30. Oktober 1921.*

Für Ihren Brief vom 21. und die Übersendung Ihrer Arbeit über die Cheopspyramide sage ich Ihnen meinen Dank. Ich habe die Arbeit sogleich gelesen und will Ihnen meine Ansicht darüber ohne Umschweife sagen, wenn Ihnen auch dieselbe nicht gefallen sollte.

Zur Einleitung möchte ich Ihnen sagen, daß ich Ihnen für das in Ihrem Vorwort zitierte Stück aus Eyths ‚Gesammelten Schriften' sehr dankbar bin, da ich stets angenommen habe, ein so kluger Mann wie Eyth habe den ‚Pyramidenquatsch' von Smyth und Genossen immer für das genommen, was er ist. Ich hatte das schon aus seinem Roman herausgelesen, hatte aber von einem Herrn, der mit ihm über diese Fragen noch gesprochen haben wollte, gehört, daß er die Theorien über die Cheopspyramide doch ernster genommen habe, als ich es von ihm voraussetzte. Nun rechtfertigt ihn das von Ihnen angeführte Zitat völlig.

Nun zu dem Inhalt Ihrer Studie. Sie sind gegen die Theorien von Taylor, Piazzi Smyth, Noetling usw. mit Recht sehr kritisch und führen sie, wo man überhaupt über sie reden kann, auf Zufall zurück. Bei Ihrer eigenen Theorie wenden Sie aber leider das gleiche Maß von Kritik nicht an. Sie bauen Ihre ganze Theorie auf zwei Zahlen auf, die im besten Falle als Näherungswerte für den Goldnen Schnitt anzusehen sind, nämlich auf der Höhe und Seitenlänge der Pyramide.

Diese Zahlen sind auch nur ‚erschlossen', wenn auch wohl richtig erschlossen. Die Petrieschen Grenzwerte dafür sind unser einziger Anhalts-

punkt, da er, trotzdem er die Möglichkeit hatte, es verabsäumte, die Seiten selbst aus den von ihm wieder aufgedeckten und zum Teil auch erst neugefundenen untersten Bekleidungssteinen trigonometrisch in ihren wahren Längen zu ermitteln. Die einzige wirklich gemessene Seitenlänge einer Pyramide habe ich im ‚Grabdenkmal des Ne-user-re bei Abusir‘ angegeben. Aus ihr ersehen wir, daß die Alten solche Längen in großen ganzen Zahlen wählten. Es ist also wohl als sicher anzunehmen, daß die Höhe der Großen Pyramide 280 äg. Ellen und ihre halbe Seite 220 äg. Ellen waren. Das ist alles, worauf man aufbauen kann. Schon Ihre Manteldreieckshöhe von 356 Ellen ist nicht ganz richtig, es müßte nach meiner Rechnung 356,08995 E. heißen (logarithmisch 7 stellig gerechnet). Diese Länge braucht der Baumeister aber gar nicht, da sie sich von selbst ergibt. Die genannten beiden Größen wählte der Baumeister ganz willkürlich, und zwar bei Gelegenheit des Entwurfs für die dritte Bauperiode. Nach S. 25 scheinen Sie meine Baugeschichte der Großen Pyramide, die Sie kurz im Baedeker finden, noch als identisch mit älteren Auffassungen anzusehen, was nicht der Fall ist. Aus diesen willkürlich gewählten Zahlen kann man allerlei an Zahlenmystik grenzende Theorien herausdestillieren, die Quadratur des Kreises, die Theorie des Goldnen Schnittes, ‚kosmische‘ Theorien, sogar, wenn Sie wollen, aus der Manteldreieckshöhe eine Angabe über die Länge des Mondjahres usw. Das alles entbehrt aber jeder festen Grundlage. Noch eine Bemerkung: Sie nehmen als Bauzeit der Pyramide 2500—2200 v. Chr. an. Sie liegt mindestens 1000 Jahre vor dieser Zeit. Damit entfallen auch die Theorien über den nach dem damaligen Nordstern gerichteten Gang.

Nun Ihr auf S. 11 fett gedruckter Satz.[*]) Selbst wenn man ihn als annähernd richtig ansehen wollte, so kann man einen Baumeister, der nach solchen Grundsätzen bauen wollte, sich kaum vorstellen. Von der Pyramide sieht man nie die Grundfläche, die halbe Mantelfläche nur in Verzerrung, und da sollte der Baumeister in diese Flächen seine tiefsten Geheimnisse hineinlegen? Wer kann außerdem das Verhältnis von Flächen, selbst wenn er sie sieht, so abschätzen, daß er sieht, sie stehen im Verhältnis des Goldnen Schnittes?

Zum Schlusse möchte ich Ihnen noch meine Theorie über die Sache sagen. Der Baumeister wählte die Höhe und Seitenlänge willkürlich, aber in großen ganzen Ellenzahlen. Als Höhe nahm er ein Vielfaches von 28, da ihm das ein leichtes Umrechnen für die Böschung erlaubte. Die ägyptische Elle hat nämlich 28 Finger = 4 Handbreiten, und die Böschung wurde durch Angabe des Rücksprunges auf eine Elle Höhe den Steinmetzen angegeben, die mit den Zahlen 280 und 220 praktisch nichts anfangen konnten. Die Böschung wurde in diesem Falle also mit 22 : 28 Fingern oder $5^1/_2$: 7 Handbreiten angegeben. Einen tieferen Sinn kann ich in den Höhen- und Seitenmaßen der Pyramide nicht sehen.“

---

[*]) Vgl. den fettgedruckten Satz auf S. 8.

Kleppisch an Borchardt:

„*Warschau, den 18. November 1921.*

Auf Ihre Zuschrift vom 30. v. M. habe ich folgendes zu erwidern:

Zu dem Vorwurf mangelnder Selbstkritik: Die zum Teil mystischen Theorien von Taylor und Smyth (Noetling kann als Mathematiker nicht ernst genommen werden) stützen sich ausschließlich auf heute nicht mehr als zutreffend geltende Abmessungen der Pyramide und fallen daher mit diesen. Abgesehen hiervon wird diesen Theorien in den Abschnitten 7 und 8 meiner Studie der Boden vollständig entzogen.

Anders steht es mit der Oberflächentheorie:

Ausgehend zwar von — heute als einwandfrei anerkannten — Abmessungen der Pyramide, abstrahiert sie sich von der absoluten Größe dieser Abmessungen und stützt sich ausschließlich auf ‚Verhältnisse' derselben; sie bleibt demnach richtig, selbst wenn neuere Forschungen die Petrieschen Messungen hinsichtlich ihrer Genauigkeit verbessern sollten (siehe S. 18). Ich bewerte außerdem — Petrie folgend — ‚die Messung als die niedrigste Klasse des Beweises einer Theorie' und lege das Hauptgewicht der Beweisführung in die folgenden zehn Abschnitte, welche der konkreten Pyramidenabmessungen nicht mehr bedürfen.

Was an Gründen gegen diese Beweisführung aufgebracht werden kann, wurde m. E. in sämtlichen elf Abschnitten vorweggenommen und entkräftet.

Zu den Abmessungen 220, 280 und 356,08995 ägypt. Ellen:

Bei Wahl der ersten beiden Größen ergibt sich die Manteldreieckshöhe nach Pythagoras zweifellos als irrational; ebenso zweifellos ist wohl auch die Tatsache, daß der Pyramidenerbauer 7stellige Logarithmen nicht benutzte.

Ging er dagegen im Sinne meiner Ausführungen auf S. 15 vor, so gewann er mit den ‚angenäherten' Maßen 220, 280 und 356 eine rationale Dimensionengruppe, die in ihrer Annäherung an die theoretischen Abmessungen durch keine andere Maßgruppe zu übertreffen war und ist.

Zu der Anschauung, daß aus den ‚ganz willkürlich gewählten Abmessungen 220 und 280 allerlei an Zahlenmystik grenzende Theorien herausdestilliert werden können':

Die Oberflächentheorie nebst den aus ihr hervorgehenden Zusammenhängen ist weit entfernt von jeder Mystik. Sie enthält ausschließlich kristallklare Beziehungen rein elementar-geometrischer Natur, auf deren Richtigkeit auch das Baujahr der Pyramide keinen Einfluß ausübt.

Zu der Kritik des auf S. 11 fettgedruckten Satzes:

Das stetige Verhältnis in irgendeiner Form als ‚schön empfinden' heißt nicht, es gleichzeitig ‚als mathematisch richtig' abschätzen. Ästhetisches Empfinden kann niemals Streitgegenstand sein, sondern ist Ansichtssache. Man kann demnach die Ansicht hegen, daß die Flächenverteilung der Pyra-

*mide der letzteren keine ästhetische Bildwirkung sichere — obwohl die Vor-
stellung eines Pyramidenbildes (siehe Bilid vor dem Text) mit z. B. um einen
Zentimeter verringerter oder vergrößerterr Höhe dem geschulten Auge in dieser
Hinsicht manches offenbart —, man kkann aber nicht bestreiten, daß das
Oberflächenverhältnis tatsächlich besteht,, denn es ist rechnerisch nachweisbar.*

*Wurden aber nach Ihrer Anschauuung die Zahlen 220 und 280 und da-
mit die Böschung mit 5¹/₃ auf 7 Handbreeiten vollständig ‚willkürlich' gewählt,
so wirft sich dem zweckbewußten Versttande sofort die Frage auf: Warum
gerade dieses sonderbare Verhältnis 5¹/₃ cauf 7 und nicht das einfachere 5 auf 7
oder 6 auf 7?*

*Nun ist aber gerade dieses sonderbaare Verhältnis 5¹/₃ auf 7 das einzige
unter der unendlich großen Zahl aller möglichen, welches unter Ver-
wendung der runden Hauptabmessungeen von 220 und 280 Ellen das Oberflächenverhältnis in einer Genauigkeit hhervorbringt, wie sie größer auch mit
unseren heutigen mathematischen Behellfen nicht erreicht werden könnte.*

*Die Frage ist somit eine einfache: Wo findet sich die stärkere Zumutung
an den urteilsfähigen Verstand?*

*Bei der Annahme: ‚Unter unendlüuch vielen Möglichkeiten hat nur der
Zufall dieses Oberflächenverhältnis in unübertroffener Genauigkeit hervorgebracht'*

*oder bei der Annahme: ‚Dieses Otberflächenverhältnis ist ein seinerzeit
mit Absicht gewähltes.'*

Die Frage stellen heißt sie auch sschon beantworten!

*Ob dieses Verhältnis sodann dem Bau zugrunde gelegt wurde aus
mathematischen, ästhetischen oder irgemdwelchen anderen Rücksichten, ist
eine Frage von sekundärer Bedeutung.*

*Man kann allerdings die ganze Ttheorie ablehnen, aber — Ablehnung
ist nicht Widerlegung.*

*Sie haben den in meinem Vorworrt angeführten Ausspruch Eyths mit
Genugtuung als dessen Rechtfertigung iin der Frage ‚Smyth und Genossen'
aufgenommen, — seine Worte konnten sich natürlich nur auf die Theorien
von Taylor und Smyth beziehen. Weir jedoch diesen seinen Ausspruch:
‚Die meisten glauben, daß es doch nur eiin Spiel des Zufalls sei' auch auf die
Oberflächentheorie anwenden wollte, dllarf den darauffolgenden Nachsatz
nicht übersehen: ‚Man kommt auf dieese Weise am besten aus der Ver-
legenheit ....'*

*Zusammenfassend bemerke ich: Die Oberflächentheorie ist die nüchternste
und klarste aller bisher aufgestellten Theeorien. Sie stützt sich in keiner Weise
auf nicht nachprüfbare Hypothesen irgemdwelcher Art, sie wendet sich einzig
und allein an den mathematisch und loggisch geschulten Verstand. Sie setzt
nur Eines voraus: vollständige Unbefamgenheit des Beurteilers!"*

Dieser Schriftwechsel wurde nicht fortgesetzt. Einige Monate später
jedoch, am ersten Februar 1922, hielt Borchardt einen Vortrag in der

Vorderasiatisch-ägyptischen Gesellschaft zu Berlin, in welchem er mit den „Pyramidentheoretikern" gründlich abrechnete und „ein größeres Publikum vor dem ‚Pyramidenquatsch' warnte". Zwecks völliger Vernichtung der „Pyramidenmystiker" ließ er den Vortrag noch im Laufe des Jahres im Druck erscheinem.[10])

Anfang 1923 sprach er an der Technischen Hochschule in Charlottenburg neuerdings über Pyramiden, streifte aber, ohne Namen zu nennen, die Theorien nur ganz kurz, sie wieder, wie in seiner Schrift, unter dem sich an die Berliner Umgangssprache anlehnenden Sammelnamen „Pyramidenquatsch" zusammenfassend.

Bald darauf erschien, verfaßt von einem sich den Anschein der Objektivität gebenden Beurteiler, Ernst Landt, eine neue umfangreichere Kampfschrift[11]), deren Tendenz genügend durch den Schluß ihrer Einleitung gekennzeichnet ist:

> *„Es ist mir eine angenehme Pflicht, Herrn Geheimrat Prof. Dr. L. Borchardt für die wohltuende Bereitwilligkeit zu danken, mit der er meine zahlreichen Anfragen beantwortet und mich da beraten hat, wo ich mich auf ältere Forschungen stützen wollte."*

Gegen Ende 1923 begab sich Borchardt nach Ägypten, und als ein Resultat seines dortigen Aufenthaltes hat er nunmehr die Ergebnisse der auf seine Veranlassung vorgenommenen neuen und gründlichen Messungen der Längen und Richtungen der vier Grundkanten der Großen Pyramide dem deutschen Leserkreise vorgelegt[12]).

Bevor auf diese neueste Veröffentlichung Borchardts näher eingegangen wird, darf seine bisherige Stellungnahme und die seines Nachtreters Landt nicht unwidersprochen bleiben. Und zwar soll zunächst an einigen Beispielen beider Kampfesweise gekennzeichnet und dann auf ihre Anschauungen eingegangen werden. Es wird sich dabei, wie immer in solchem Falle, ergeben, daß temperamentvolle und kräftige Sprache auf die Dauer den Mangel oder die Schwäche sachlicher Argumente nicht verdecken kann.

In seinem Schreiben (vgl. S. 14) bezeichnet Borchardt die an Zahlenmystik grenzenden Theorien, aus denen man u. a. die Quadratur des Kreises finden kann, ebenso die „kosmischen" Theorien über die Länge des Mondjahres und den zur Zeit des Pyramidenbaus angeblich auf

---

[10]) L. Borchardt, ›Gegen die Zahlenmystik an der Großen Pyramide bei Gise‹, Berlin 1922.
[11]) Ernst Landt, ›Ein neuer Kampf um die Cheopspyramide‹, Berlin 1923.
[12]) Borchardt[1].

den damaligen Nordstern gerichteten Gang als jeder Grundlage entbehrend, bestreitet damit also etwas, was Verfasser nie behauptet hat.

In der Schrift gegen die Zahlenmystik vernichtet er — mit Recht — an die zwanzig Pyramidentheoretiker. Weniger einwandfrei — als geschickte Taktik aber anzuerkennen — ist es, wenn er hierbei die chronologische Reihenfolge verläßt und seinen Vortrag mit dem irrsinnigsten der Pyramidentheoretiker, Noetling, beginnt und endet, um in dem zum Schlusse aufgewühlten Meere des Unsinns auch den Verfasser als einen von den vielen zu ertränken.

Borchardt macht weiter mit Recht vielen Pyramidentheoretikern den Vorwurf, daß sie vorhandene Zahlengrundlagen zugunsten ihrer Theorie umdeuten. Eigentümlich berührt es daraufhin, wenn er zugunsten seiner eigenen Böschungstheorie (5½ Handbreiten Rücksprung auf 1 Elle = 7 Handbreiten Steigung) sagt:

> *„Petrie wiederholte die Messung 1880 bis 1882 auf verschiedenste Weise und gibt schließlich als beste Annäherung für die Böschung aller Seiten 51° 52' mit einem Fehler von ± 2' an.*
>
> *Er berücksichtigt aber dabei eine Anzahl recht schlechter Werte, die ihm sein Endergebnis nur ungenau machen. Sein Durchschnitt für die Nordböschung — 51° 50' 40" ± 1' 5" — ist jedenfalls sicherer. Das entspräche, nach altägyptischer Art ausgedrückt, einer Böschung von 5,49975 Handbreiten ± 0,00363 Handbreiten. Mir scheint, daß man sich nicht weiter bemühen braucht, hier durch neue Messungen etwa noch größere Annäherung zu erreichen. Die von Petrie gefundene Angabe entspricht mit einer Abweichung von nur 5" — 0,00025 Handbreiten — einer Böschung von 5¹/₂ Handbreiten auf eine Elle Steigung.*
>
> *Für die jetzt folgenden Betrachtungen brauchen wir nur diese letzten Zahlen für den Böschungswinkel im Gedächtnis zu behalten ...."*[13])

Borchardt nähert sich mit dieser „Betrachtungsweise" bedenklich den Methoden der von ihm mit Recht bekämpften Pyramidentheoretiker.

Die Schilderung der Baugeschichte der Großen Pyramide schließt Borchardt mit den Worten:

> *„Trotzdem diese Baugeschichte der Großen Pyramide schon seit 30 Jahren bekannt ist ......"*[14])

unter Hinweis auf seinen Aufsatz „Zur Geschichte der Pyramiden" in der „Zeitschrift f. ägypt. Sprache" 1892, S. 104.

Lehrreich in diesem Zusammenhange ist, daß unter den 106 literarischen Hinweisen in Borchardts Schrift sich 51 auf Pyramidentheoretiker

---

[13]) Borchardt [10], S. 20.
[14]) Borchardt [10], S. 5.

beziehen, 39 neutraler Natur sind und nur die restlichen 16 als Stützen für seine Ausführungen herangezogen werden. Diese 16 klassischen Belegstellen beziehen sich jedoch ausnahmslos auf Borchardts eigene Veröffentlichungen!

Es ist bedauerlich, daß Borchardt uns die Meinung anderer Forscher vorenthält.

Auch bei dem Vortrag in der Technischen Hochschule zu Charlottenburg streifte Borchardt die Theorien, ohne Namen zu nennen, nur kurz und stellte dabei seine eigene Manteltheorie einfach als ausgemachte Tatsache und selbstverständlich hin.

Landt macht sich die Arbeit noch leichter.

Rennt er offene Türen ein, indem er in unnötiger Breite (seine Schrift umfaßt 80 Seiten) Smyth und Noetling widerlegt, so betet er kritiklos Borchardts Pyramidentheorie nach, die bei den ägyptischen Baumeistern mehr Beschränktheit voraussetzt, als man einfachen Menschen zutrauen darf.

Da Landt weder den Verfasser noch dessen Oberflächentheorie im Texte irgendwie erwähnt, so hat er seine Schrift entweder nicht gelesen oder weiß darauf nichts zu erwidern. Um so leichtfertiger muß es daher unbefangenen Beurteilern erscheinen, wenn er im Anhang unter „Schriften der Pyramiden-Phantasten" neben Noetling auch die Arbeit des Verfassers anführt. Naheliegend ist die Annahme, daß er auch hier einfach seinem Gewährsmann, Herrn und Meister Borchardt folgt, wie dies aus dem Schlusse seiner Einleitung hervorgeht.

Was hat Borchardt nun bisher der Oberflächentheorie gegenübergestellt? Seine sachlichen Einwände — und nur auf diese kann hier eingegangen werden — seien in zeitlicher Reihenfolge kurz angeführt und entkräftet.

Diejenigen seines Schreibens vom Oktober 1921 (vgl. S. 13) sind genügend widerlegt durch die darauf erfolgte Antwort. Zu bemerken wäre hierzu nur noch:

1. Der „Theoretiker" Borchardt bemängelt, daß bei einer Höhe von 280 Ellen und einer halben Seitenlänge von 220 Ellen die Manteldreieckshöhe sich nicht auf 356 Ellen, sondern — mit 7 stelligen Logarithmen errechnet (!) — auf 356,08995 Ellen stellt, d. h. um ca. 4,7 cm länger ist. (Richtiges Rechnen ergibt 356,089877 Ellen.)

In der Erwiderung wurde auf die Ausführungen auf S. 15 der „Hauptschrift" hingewiesen. Abgesehen davon, beurteilt heute der

„Baumeister" Borchardt in seiner neuesten Veröffentlichung[15]) Unterschiede von 20 cm in den vermessenen Pyramidengrundkanten bedeutend
sachverständiger, nämlich als solche, „wie sie ähnlich und oft stärker auch
bei neuzeitlichen Bauten vorkommen müssen ....."

2. Die ganze Oberflächentheorie sei auf zwei Zahlen, Höhe und Seitenlänge der Pyramide, aufgebaut. Die Petrieschen Grenzwerte seien die
einzigen Anhaltspunkte hierfür, diese seien aber nur „erschlossen" und
nicht gemessen.

In der Erwiderung wurde betont, daß die Oberflächentheorie auch
richtig bleibt, „wenn neuere Forschungen die Petrieschen Maße ....
verbessern sollten". Die nunmehr trigonometrisch neu berechneten
Seitenlängen Borchardts weichen von denen Petries zwar um 1,8 bis
10,5 cm ab, geben aber gerade dadurch der Oberflächentheorie
eine noch bessere zahlenmäßige Begründung als die Petrieschen Maße (vgl. S. 28—29).

3. Kein Baumeister könne und werde nach einem Oberflächenverhältnis bauen.

Darauf wurde geantwortet: „Aus welchen Rücksichten das Verhältnis dem Bau zugrunde gelegt wurde, sei von sekundärer Bedeutung —
Hauptsache sei, daß es bestehe." Auf die vermutliche Ursache der Anwendung des Oberflächenverhältnisses beim Pyramidenbau wird noch
zurückgekommen (vgl. S. 30 ff.).

4. Die von Borchardt aufgestellte Theorie: „Der Baumeister wählte
Seitenlänge und Höhe willkürlich in runden Ellenzahlen derart, daß sich
ein Böschungsverhältnis von 5½:7 ergab", wurde später von ihm noch
schärfer umschrieben:

> „Ich schließe daraus weiter, daß für die alten Baumeister das eigentlich
> Bestimmende an einer Pyramide die Grundkante und der Böschungsrück-
> sprung waren, alles andere, wie Höhe, Kantenwinkel usw. ergab sich von selbst
> und war daher für den Entwurf unwesentlich"[16]).

Das bedeutet also wohl: Der Pyramidenbaumeister zeichnete auf
den Felsboden ein Quadrat von 440 Ellen Seitenlänge, gab dem Werk-
meister das Böschungsverhältnis mit 5½:7 an und — ging seiner
Wege! Alles weitere ergab sich ja „von selbst."

Aber schon Aristoteles forderte mit größter Schärfe, daß der wahre
Beweis nicht nur, daß etwas ist, sondern warum etwas ist, aufdecke.

---

[15]) Borchardt[1], S. 8.
[16]) Borchardt[10], S. 11.

Warum verfiel also der Baumeister gerade auf die sonderbare Zahl 440 Ellen und auf das noch sonderbarere Verhältnis 5½ : 7? Darauf gibt Borchardt keine Antwort. Der Rückschluß liegt nahe: Weil der Baumeister Borchardt die Wahl dieser Zahlen n i c h t erklären kann, d e s h a l b muß reine Willkür, zu deutsch Gedankenlosigkeit, diese Maße hervorgebracht haben. Dann hätte aber jede aufgehäufte Steinmasse den gleichen Zweck erfüllt!

Wer sich überführen will, ob bei dem Pyramidenbau Willkür und Gedankenlosigkeit oder zweckbewußte Verstandestätigkeit herrschte, möge sich in Borchardts letzte Veröffentlichung vertiefen oder auch nur die gründliche Überlegung bewundern, die — nach Borchardt[17]) — bei so geringfügigen Einzelheiten wie dem Deckelverschluß des Steinsarges der Großen Pyramide gewaltet hat. Ist er dann noch der Überzeugung, daß Willkür und Gedankenlosigkeit bei dem Entwurf der Großen Pyramide herrschend waren, so möge er Borchardts Theorie als endgültige Lösung des Pyramidenproblems hinnehmen!

In seiner Kampfschrift unterlegt Borchardt weiter

5. dem Vertreter der Oberflächentheorie die Absicht, den Sinn der Aufgaben aus dem Rechenbuche des Ahmes umdeuten zu wollen.

Alles, was sich hierauf sagen läßt, wurde in der „Hauptschrift" S. 45 ff. vorweggenommen (vgl. auch S. 16 Absatz 3).

6. Die Petrieschen Messungen können kein genaues Ergebnis darstellen, da sie unter der sicher nicht zutreffenden Voraussetzung erfolgten, daß die Grundfläche der Pyramide ein genaues Quadrat sei.

Die neuen Borchardtschen Messungen ergaben für die vier Eckwinkel der Pyramidengrundfläche derart geringfügige Abweichungen vom rechten Winkel, daß sie nur mit Präzisions-Theodoliten bestimmbar waren.

7. Bei Annahme des Oberflächenverhältnisses und einer Höhe von 280 Ellen würde die halbe Grundkante um 6,3 cm länger werden als nach der Borchardt-Theorie[18]).

Hierzu genügt es die heutige Anschauung Borchardts über Ausführungsgenauigkeit nochmals anzuführen (vgl. S. 19 Punkt 1).

8. Borchardt weist selbst daraufhin, daß die Böschung der Oberflächentheorie s e i n e r Böschung von 5½ : 7 sehr nahekommt, und sagt: „*Das ist natürlich nur Zufall.*"[18]) In der Voraussicht jedoch, daß der Goldne-Schnitt-Theoretiker ebenso behaupten wird, die 5½ : 7-Böschung

---

17) Borchardt[10], S. 8.
18) Borchardt[10], S. 22/23.

sei Zufall und seine Böschung sei die absichtlich gewählte, bemerkt er
weiter:

> „*Darüber ließe sich reden, wenn es erweislich richtig wäre, daß die
> alten Ägypter in der Pyramidenzeit vom Goldnen Schnitt etwas gewußt
> haben . . . . und . . . . daß den Pyramidenerbauern bereits der pytha-
> goreische Lehrsatz bekannt gewesen sei, wofür nicht der geringste Anhalt
> vorliegt*“.

Das zu entscheiden ist allerdings nicht Sache Borchardts, nicht
einmal Sache des reinen Mathematikers, sondern einzig die des mathematischen Historikers. Je mehr wir von den alten Babyloniern erfah-
ren, umso deutlicher wird es, wie wichtig ihnen die Zahlensymbolik
erschien, und von ihnen haben die alten Ägypter sicherlich vieles über-
kommen. Wenn der pythagoreische Lehrsatz lange vor Pythagoras den
alten Indern bekannt war, warum sollte dann der Goldne Schnitt den
alten Babyloniern, denen doch die Geometrie näher lag, unbekannt
geblieben sein? Wer die neueren Forschungen über babylonische und
indische mathematische Geschichte[19]) studiert, wird nicht zögern, sich
der Meinung Cantors über die geringe Beweiskraft des negativen
Zeugnisses fehlender Belege (vgl. „Hauptschrift“ S. 70) anzuschließen.

Auch Simon, nachdem er auf die Arbeiten von Thibaut und Bürk
über die Sulba-sutras, d. s. die Schnurregeln, Zimmermannsregeln für die
Herstellung der Opferstätte, hingewiesen und L. v. Schröders „Pythagoras und die Inder“ gestreift, kommt zu dem Schlusse:

> „*Kulturzusammenhänge bezweifle ich so wenig wie jeder, der sich nicht
> bloß mit der Kultur eines einzigen Volkes beschäftigt hat. Angesichts der
> babylonischen Zahlenzerlegungen und der quadratischen Gleichungen der
> Ägypter glaube ich persönlich, daß der Pythagoras Babyloniern wie Ägyptern
> vielleicht schon 3000 v. Chr. bekannt war. Aber Glauben ist kein Beweis*“[20]).

Dem durch nichts begründeten Zweifel des mathematischen Laien
steht hier der feste Glaube des mathematischen Historikers gegenüber!
Über fehlende Beweise vgl. auch S. 2 ff. Über Borchardts Eignung,
mathematisch-historische Fragen zu entscheiden, wird außerdem noch
bei Punkt 10 zu sprechen sein.

9. Selbstverständlich vergessen die Pyramidentheoretiker, die mit
dem Schönheitsideal der Pyramidenform arbeiten, ganz, daß die Pyramide
von einer hohen Hofmauer umgeben war, die je nach dem Standpunkte

---

[19]) Siehe hierüber: Dr. Max Simon, ‚Geschichte der Mathematik im Altertum‘,
Berlin 1909, und E. Hoppe, ‚Mathematik und Astronomie im klassischen Altertum‘, Heidelberg 1911.
[20]) Simon [19], S. 139.

des Beschauers mehr oder weniger von den unteren Teilen der Pyramide verdeckte. Die Formen der Pyramide haben sich im Altertum nie so gezeigt, wie sie im Geiste dieser Theoretiker sich abbilden[21]).

Diese Hofmauer — wenn sie bei der Großen Pyramide vorhanden war — war im Verhältnis zur ganzen Höhe der Pyramide von geringer Erhebung. Sie konnte den Anblick der Pyramide verkürzen, aber nicht ändern, da Kegel und Pyramide mit gegebenem Spitzenwinkel unabhängig von ihrer Höhe immer das gleiche geometrische Bild zeigen.

10. Um auch die Pyramidentheoretiker auf ihre Rechnung kommen zu lassen, gibt Borchardt[22]) „eine kleine Anregung", von der er nicht zweifelt, „daß sie freudige Aufnahme finden wird":

„Die Basis der natürlichen Logarithmen, d. h. die Reihe $e = \left(1 + \dfrac{1}{n}\right)^n$,
die für $n = \infty$ *den bekannten Wert 2,71828... hat, ist bisher in den Pyramiden noch nicht gefunden worden. Und doch ist sie so leicht nachweisbar. Man braucht nur von der Königinnenpyramide bei der Pyramide des Königs Sahu-re bei Abusir, die nach ägyptischer Messung eine Böschung von* $4^3/_4$:7
hat, den Umfang durch die Höhe zu dividieren: $\dfrac{U}{h} = \dfrac{4 \cdot (4^3/_4)}{7} = \dfrac{19}{7}$,
um 2,7143.. zu erhalten, also e mit einem Fehler von nur $1^1/_2$ *Tausendsteln. Die weiteren Ausführungen, wieso König Sahu-re, in dessen Hieroglyphenschrift Vokale nicht ausgedrückt werden konnten, gerade dazu kam, e auf diese Weise geheimnisvoll zu verewigen, und wie weiter dieses e dann durch drahtlose Mystification im Jahre 1610 n. Chr. an Napier nach England kam, so daß er danach seine Logarithmen berechnen konnte, alles das zu ergründen, überlasse ich mit der Anregung selbst neidlos den Pyramidenmystikern.*

Doch Scherz bei Seite. Diesen Blödsinn habe ich nur ausgeheckt, um zu zeigen, daß mit geringer Findigkeit und ausreichendem Mangel an Logik aus Zahlen, deren Zusammenhänge an sich einfach sind, so gut wie jeder Unsinn herausgeholt oder, wie die Pyramidentheoretiker sagen würden, bewiesen werden kann."

Wenn es gestattet ist, diesen Scherz mit dem ihm von seinem Schöpfer gegebenen Namen zu bezeichnen, so ist es nicht recht erfindlich, was mit diesem „Blödsinn" bewiesen werden soll. Wenn das Maß der Böschung $4^3/_4$:7 ist, dann stellt $4^3/_4$ bei einer Höhe von 7 die halbe Grundkante dar, der Umfang ist demnach $8 \cdot (4^3/_4)$ und $\dfrac{U}{h} = 5,4286\ldots$ Abgesehen von diesem Rechenfehler Borchardts, hat Napier die natürlichen

---

[21]) Borchardt[10], S. 32.
[22]) Ebenda S. 34/35.

Logarithmen weder erfunden noch berechnet und einen Basisbegriff weder im allgemeinen, noch eine Basis *e* im besondern gekannt, denn der Basisbegriff wurde in der Lehre der Logarithmen erst 134 Jahre später geschaffen.

Napiers Logarithmen, 1614 im Druck erschienen, waren nach unsern heutigen Begriffen keine Logarithmen, sondern Verhältniszahlen, die mit den natürlichen oder hyperbolischen Logarithmen im Aufbau und im Zahlenwert nicht die geringste Gemeinsamkeit besitzen. Mercator veröffentlichte 1668 seine logarithmische Reihe und schuf damit die natürlichen Logarithmen, wohlverstanden noch immer ohne Basis, denn erst 1748 deckte Euler den Zusammenhang der logarithmischen Funktion mit der Potenzfunktion auf und führte damit den Basisbegriff in die Theorie der Logarithmen ein. Die Bezeichnung der von ihm geschaffenen und erstmalig berechneten Basis der natürlichen Logarithmen mit dem Buchstaben *e* wählte Euler — nach Ansicht des Verfassers — einfach nach dem Anfangsbuchstaben seines Namens.

Es zeigt sich, daß auch bei mathematisch-historischen Extempores Vorsicht am Platze ist!

In seiner neuesten Veröffentlichung ist dagegen Borchardt durchweg sachlich und enthält sich kritischer Bemerkungen sowohl gegen Pyramidentheorien im allgemeinen als auch gegen die Oberflächentheorie im besonderen. Bemerkungen zu ersteren wären Wiederholungen, die nichts Neues brächten, Bemerkungen zur Oberflächentheorie müßten heute aber neue Tatsachen bringen, die geeignet wären, Borchardts ablehnende Haltung zu erschüttern. Dies wird im folgenden noch nachzuweisen sein.

Die neue Arbeit Borchardts ist das Ergebnis seines letzten Aufenthaltes bei den Pyramiden. Auf seine Veranlassung führte der Inspektor der Berechnungsabteilung der ägyptischen Landesvermessung I. H. Cole die genaue trigonometrische Vermessung der vier Pyramidengrundkanten unter Zugrundelegung eines um die Pyramide gelegten Vieleckszuges durch. Geeignete Theodoliten und Meßmethoden gestatteten die Ablesung der Winkel bis auf einzelne Sekunden und der Längen bis auf Zehntelmillimeter.

Derart genaue Messungen waren nur dadurch möglich, daß auf der Nordgrundkante die unterste Bekleidungsschicht aus weißem Kalkstein auf rd. 20 m, davon rd. 11 m mit vollständig guter Erhaltung der Böschungsflächen, bereits frei lag. Auf eine Länge von 55 m konnte weiter auf dem Oberlager des Pflasters unter der ersten Reihe der Bekleidungsblöcke die Standspur derselben — eine eingeritzte Linie, auf der ihre Vorderkante einst gesessen — deutlich ausgemacht werden.

An der Ostseite wurden diese Standspuren in Längen von 29 und 5 m vorgefunden, deren äußerste Punkte rd. 56 m voneinander entfernt waren.

An der Südseite wurde an keiner Stelle die gesuchte Linie aufgefunden, dagegen fanden sich noch anstehende Reste der untersten Reihe der Bekleidungsblöcke, und zwar auf eine Länge von rd. 26 m. Die gut erhaltene vordere Oberkante der Blöcke und deren meßbare Höhe gestatteten auch hier genaue Richtungs- und Längenbestimmung.

Die Westseite ergab in drei Stücken mit am weitesten, 37 m, auseinander liegenden Punkten die genannte Linie scharf[23]).

Das für die vorliegenden Betrachtungen Wesentlichste, was Borchardt bringt, sind die Längen der vier Pyramidengrundkanten. Die bisher besten Maße waren die von Petrie[24]) in den Jahren 1881/82 ebenfalls durch Messung und Berechnung festgestellten, und zwar:

Länge der Nordgrundkante . . . . . 9069,4 Zoll engl.

,, ,, Ostgrundkante . . . . . . 9067,7 ,, ,,

,, ,, Südgrundkante . . . . . 9069,5 ,, ,,

,, ,, Westgrundkante . . . . . 9068,6 ,, ,,

im Mittel 9068,8 Zoll engl.

Diese Petrieschen Maße, auf Metermaß (1 Zoll engl. = 25,399541 mm) umgerechnet und mit den neuen Borchardtschen Maßen[25]) verglichen, ergeben folgendes Bild:

	Petrie		Borchardt				
N-Grundkante	230,3585	. . .	230,253	d. i. um 10,55 cm	kleiner als Petrie		
O- ,,	230,3154	. . .	230,391	,, ,, ,, 7,56 ,,	größer ,, ,,
S- ,,	230,3611	. . .	230,454	,, ,, ,, 9,29 ,,	,, ,, ,, ,,
W- ,,	230,3382	. . .	230,357	,, ,, ,, 1,88 ,,	,, ,, ,, ,,
im Mittel	230,3433	. . .	230,36375	d. i. um 2,045 cm größer als Petrie	

(Borchardt berechnet diesen Mittelwert irrtümlich mit 230,38375 m, also um 2 cm zu groß.)

Die Borchardtsche mittlere Grundkantenlänge ist demnach nur um 2,045 cm länger als die seinerzeit von Petrie bestimmte.

In seiner Kampfschrift vermutete Borchardt noch, daß die Petriesche Grundkante um 70 cm zu kurz sei[26]).

---

23) Borchardt 1, S. 2 ff.
24) Petrie 8, Abschnitt 21 bis 25
25) Borchardt 1, S. 7.
26) Borchardt 10, S. 37, Anmerkung 42.

Nach obiger Zusammenstellung betragen die Differenzen

	bei Petrie:	Borchardt:
zwischen der größten Seite und dem Mittel	1,78 cm	9,025 cm
„ „ kleinsten „ „ „ „	2,79 „	11,075 „
„ „ größten und der kleinsten Seite	4,57 cm	20,1 cm

(Borchardt gibt diese Differenzen infolge seines um 2 cm irrtümlich berechneten Mittelwertes wieder irrtümlich mit 7,025 cm bzw. 13,025 cm an.)

Ausgehend von der auch von ihm anerkannten Tatsache, daß die Länge der Grundkanten in altägyptischem Maße 440 Ellen beträgt, berechnet Borchardt nunmehr fehlerlos den Mittelwert dieser Elle aus den vier Grundkanten, wie er sich hier ergibt, mit

$$230,36375 : 440 = ... 0,5235540 \text{ m}$$

gegenüber dem seinerzeit von Petrie aus den gemessenen Dimensionen der Königskammer bestimmten Werte (vgl. „Hauptschrift" S. 14) von 26,612 engl. Zoll . . . . $= 0,5235353$ „

d. h. um 0,0000187 m

oder um 0,0187 mm kürzer.

Die Differenz beträgt sonach nicht ganz den fünfzigsten Teil eines Millimeters!

Betreffs weiterer Einzelheiten sei auf das Werk Borchardts verwiesen, das interessantes Bild- und Tafelmaterial enthält. Auch Cole hat an anderer Stelle über die Messungen berichtet und dabei hauptsächlich die von ihm angewandten feldmesserischen Methoden klargelegt[27]).

Was folgt nun aus alledem?

Die Beantwortung sei Borchardt selbst überlassen:

Die Grundfläche der Pyramide kann als eine vollständig wagerecht liegende Ebene angesehen werden, nachprüfbar durch die Höhe der Oberkante des Pflasters.

Borchardt (S. 7): „Diese liegt ganz merkwürdig wagerecht. Der größte Unterschied beträgt 0,021 m; wenn man den einen Punkt auf der Nordseite (4), der in einer flachen, dem Auge nicht merkbaren Vertiefung liegt, nicht berücksichtigt, ist der größte Unterschied sogar nur 0,015 m.

Will man diese geringen Fehler auf Rechnung des nicht völlig genauen Nivellements des Bauleitenden schreiben, so muß man annehmen, er sei nach einem Nivellement von ca. 900 m um die Pyramidengrundfläche herum mit einem Fehler von allerhöchstens 15 mm wieder auf seinen Ausgangspunkt zurückgekommen, d. h. mit höchstens $\frac{1}{60000}$ der einnivellierten Strecke.

---

[27]) »Survey of Egypt, Paper Nr. 39: Determination of the Exact Size and Orientation of the Great Pyramid of Giza, Ministry of Finance, Egypt Government Press«, Cairo 1925.

Das ist für ein Nivellement mit Setzwage, dem einzigen Nivellierinstru-
ment, das wir bei den alten Ägyptern — bisher — nachweisen können, eine
sehr beachtenswerte Leistung.

Man kann aber ebensogut den Fehler auf die Bearbeitung der Pflaster-
fläche schieben. Auch dann wäre er aber als äußerst geringfügig zu be-
zeichnen."

**Die Längen der vier Pyramidengrundkanten sind mit bisher nicht
erreichter Genauigkeit bestimmt.**

Borchardt (S. 8): „Da diese Ergebnisse unter Anwendung bewährter
Methoden mit guten neuzeitlichen Instrumenten ermittelt worden sind, so
ist anzunehmen, daß die darin trotzdem enthaltenen Fehler so geringfügig
sind, daß man die oben gegebenen Zahlen bis auf weiteres als die richtigen
zu betrachten hat. Dieses Weitere, womit ich eine neue Nachmessung meine,
die vorgenommen werden könnte, wenn einmal alle vier Grundkanten ihrer
ganzen Länge nach vom Schutte befreit sein sollten, dürfte aber meiner Ansicht
nach wesentlich andere Zahlen nicht ergeben."

**Die Unterschiede in den Längen der Grundkanten sind so gering-
fügig, daß die Annahme gerechtfertigt ist, die Grundkanten seien von
allem Anfange an mit gleicher Länge beabsichtigt gewesen.**

Borchardt (S. 8): „Diese Maßunterschiede, wie sie ähnlich und oft
stärker auch bei neuzeitlichen Bauten vorkommen müssen, erklären sich
einfach aus den verschiedenen Spannungen des Meßstrickes während des
Messens. Es wäre unverständlich, wenn die Alten noch genauer gearbeitet
haben sollten, als es diese Zahlen schon dartun."

**Die beabsichtigte Form der Pyramidengrundfläche ist ein mathe-
matisches Quadrat.**

Borchardt (S. 9): „Die verhältnismäßig gute Genauigkeit in den
Längenmaßen, die oben gezeigt werden konnte, wird aber übertroffen durch
die, mit der die rechten Winkel der Ecken abgesteckt worden sind. Dort
betragen die Fehler:

> *an der Nordwest-Ecke. . . — 0' 2''*
> *„ „ Nordost-Ecke . . . + 3' 2''*
> *„ „ Südost-Ecke. . . . — 3' 33''*
> *„ „ Südwest-Ecke . . . + 0' 33''*

**Die Länge der altägyptischen Elle, von Petrie mit 0,5235353 m
festgestellt, wurde von Borchardt nur um ¹/₅₀ mm länger gefunden.**

Borchardt (S. 8): „Man kann also, ohne einen wesentlichen Fehler
zu machen, behaupten, die Elle, mit der die Große Pyramide beim Bau
gemessen worden ist, hat eine Länge von

> *0,523554 m."*

Die Hauptmaße der Pyramide in altägyptischem Maß:

Grundkantenlänge   = 440 Ellen
Höhe der Pyramide = 280 ,,

die Borchardt seiner Theorie ebenfalls zugrunde legt, unterliegen heute keinem Zweifel mehr.

Daß diese Maße als mathematisch beste Näherungswerte für den Goldnen Schnitt in erster Linie die Oberflächentheorie stützen, ist auf Seite 11 dargetan.

Aus den Borchardt-Coleschen Feststellungen ergibt sich, daß die alten Ägypter erstaunlich genau zu messen verstanden, und es läßt sich daraus schließen, daß sie mit gleicher Meßgenauigkeit wie bei der Bestimmung der Grundkanten auch bei dem Aufbau der Pyramide zu Werke gegangen sind. Dieser Meßgenauigkeit würde die Krone aufgesetzt, wenn es gelänge nachzuweisen, daß die Spitze der Pyramide — bis auf die unvermeidliche Abweichung — genau über dem Mittelpunkt der Grundfläche liegt. Aber wenn dieser Nachweis heute auch kaum noch möglich erscheint, so drängt sich doch angesichts des bisher festgestellten Grades der Ausführungsgenauigkeit jedem Fachmann die Überzeugung auf, daß Leuten, die so genau messen konnten, auch eine gute Portion Mathematik und Geometrie zuzutrauen sei.

Wer jedoch die genannten Näherungswerte (440 und 280 Ellen), trotz ihrer fast absoluten Wahrscheinlichkeit, nicht gelten lassen will und darauf beharrt, daß die alten Ägypter mit 7 stelligen Logarithmen gerechnet haben müßten, wenn die Oberflächentheorie mathematische Wahrheit werden sollte, der nehme nun die theoretischen Werte des Goldnen Schnittes (vgl. S. 11):

$a = 220{,}012422\ldots$ Ellen als halbe Basis,
$c = 355{,}987578\ldots$,,   ,, Manteldreieckshöhe,

somit $a + c = 576{,}000000\ldots$,,   ,, Ausgangstrecke und
$h = \sqrt{c^2 - a^2} = 279{,}8601\ldots$,,   ,, Höhe

und rechne die maßgebenden Dimensionen $2a$ und h unter Zugrundelegung der Borchardt-Elle (0,523554 m) auf Metermaß um: er erhält dann

die mathematisch genaue Grundkantenlänge . . . . . 230,376767 m
gegenüber der Borchardtschen mittleren Grundkanten-

länge . . . . 230,36375 ,,

um 0,013017 m

oder um 1,3 cm größer

und die mathematisch genaue Höhe . . . . 146,52187 m
gegenüber der Borchardtschen Höhe 146,595   „

$\qquad\qquad\qquad\qquad\qquad\qquad\qquad\qquad$ um 0,07313 m

$\qquad$ oder um 7,3 cm kleiner.

Er hat sich damit überführt, daß die mathematisch genau dem Goldnen-Schnitt-Verhältnis entsprechende Pyramidengrundkante bis auf 1,3 cm genau übereinstimmt mit dem Mittelwert der von Cole gemessenen 4 Grundkantenlängen, und daß die mathematisch genau dem Goldnen-Schnitt-Verhältnis entsprechende Pyramidenhöhe nur um 7,3 cm abweicht von der von Borchardt berechneten Höhe.

Wollte er nun weiter behaupten, daß selbst diese geringfügigen Unterschiede das Oberflächenverhältnis noch immer in Frage stellen, so würde er damit an die Ausführungsgenauigkeit der ägyptischen Baumeister strengere Anforderungen stellen als selbst Borchardt, der doch über die in den Grundkanten auftretenden Unterschiede bis 20,1 cm, wie oben angeführt, das fachmännische Urteil fällte: „. . . . daß sie ähnlich und oft stärker auch bei neuzeitlichen Bauten vorkommen müssen . . . . . Es wäre unverständlich, wenn die Alten noch genauer gearbeitet haben sollten . . .“

Es widersprechen daher die bedeutend geringeren Unterschiede von 1,3 cm bzw. 7,3 cm, um welche die Dimensionen des mathematisch genauen Goldnen-Schnitt-Verhältnisses von den Borchardt-Coleschen Messungen abweichen, nicht nur nicht der Oberflächentheorie an der Großen Pyramide, sondern diese Theorie findet in diesen sorgfältigst vorgenommenen Messungen eine neuerliche und um so festere zahlenmäßige Begründung.

$\qquad$ Damit wäre der Streit nun eigentlich erledigt!

$\qquad$ Denn jeder Einsichtige muß sich sagen, daß das schöne, plastisch klare Oberflächenverhältnis, das so einfach ist, daß es wohl auch der Geist des Pyramidenbaumeisters erfaßt haben kann, und das mit den aus ihm folgenden geometrischen und zahlenmäßigen Beziehungen auf jeden mathematisch gerichteten Kopf Wirkung ausüben mußte, tatsächlich besteht, denn es ist aus den neuerdings von Borchardt und Cole mit anerkennenswerter Gründlichkeit festgestellten Pyramidenmaßen rechnerisch strenger nachweisbar als aus den Messungen Petries.

$\qquad$ Wer sich mit der Pyramide als Dokument für die Tatsache, daß ihrem Erbauer das Verhältnis des Goldnen Schnittes bekannt gewesen sein mußte, nicht zufrieden gibt, möge bedenken, daß ägyptische Papyri und Lederrollen sich im Ablaufe der Jahrtausende nicht als so dauerhaft erweisen konnten wie babylonische gebrannte Tontafeln.

Was dies für die Forderung „dokumentarischer Nachweise" bedeutet, wurde bereits auf Seite 3 hervorgehoben.

Wir erinnern uns auch hier der Forderung des Aristoteles: „Der wahre Beweis soll nicht nur aufdecken, daß etwas ist, sondern warum es ist."

Daß die Pyramide 440 Ellen Seitenlänge und 280 Ellen Höhe besitzt, ist heute unbestritten, — warum diese Dimensionen gewählt wurden, ist im Vorangegangenen wohl zur Genüge erklärt: Der Baumeister wollte an dem Bauwerke den Goldnen Schnitt durch das Oberflächenverhältnis versinnbildlichen und zugleich eine Reihe daraus folgender — nicht nur für die damalige Zeit — interessanter mathematischer Beziehungen zum Ausdruck bringen.

Geht man mit Aristoteles folgerichtig weiter, so wirft sich nunmehr die Frage auf, warum und zu welchem Zwecke wurde dieses Oberflächenverhältnis in der Großen Pyramide verkörpert? Wenn auch das Hauptgewicht der bisherigen Betrachtungen immer darauf gelegt wurde:

das Oberflächenverhältnis besteht — alles weitere ist sekundärer Natur,

so soll die Klärung der Frage nach diesem „Warum" doch noch versucht werden.

In der „Hauptschrift" wurde auf diese Frage geantwortet: aus architektonisch-ästhetischen Gründen.

Dagegen erhoben sich zwei Einwände. Der eine lautete: „Kein Baumeister der Welt würde nach solchem Konstruktionsgrundsatz bauen", der andere: „und selbst, wenn man diese Möglichkeit voraussetzen wollte, so würde mit jedem, dem Verhältnis 440:280 Ellen auch nur angenäherten Verhältnis der gleiche Effekt erreicht werden".

Dem ersten Einwurf ist zu entgegnen: Ein von 440:280 stark abweichendes Verhältnis der Pyramidenmaße hätte der Pyramide offenbar nicht das unleugbar vorhandene ästhetische, sondern ein ganz absonderliches Aussehen verliehen. Entweder niedrig — breit ausladend, oder turmartig hoch — obeliskenhaft. Beide Bauarten hätten, abgesehen von dem Aussehen, schwerwiegende Nachteile im Gefolge gehabt. Die niedrige, breit ausladende hätte die Pyramide wehrlos der Versandung durch den Wüstensand preisgegeben, die hohe, obeliskenartige hätte dagegen der Ausführung für die damalige Zeit unüberwindbare Schwierigkeiten entgegengesetzt.

Durch das gewählte Verhältnis 440:280 vermied man beide Nachteile und gab der Pyramide zugleich ein architektonisch gefälliges Aussehen. Und da unter den unendlich vielen ähnlichen Verhältnissen, durch deren Anwendung zugegebenermaßen der gleiche Zweck und das gleiche Aussehen der Pyramide erreicht werden konnte, eben das dem Goldnen Schnitte fast mathematisch genau entsprechende Verhältnis 440:280 (vgl. „Hauptschrift" S. 15 u. 22) in Anwendung gekommen ist, so muß dafür eine Absicht, ein triftiger Grund vorgelegen haben!

Dieser Grund kann aber nach allen vorangegangenen Überlegungen nur ein rein mathematischer gewesen sein.

Der Baumeister, der dem Entwurf der Pyramide das Oberflächenverhältnis nach dem Goldnen Schnitte zugrunde legte, war unstreitig ein mathematisch klarer Kopf, der seine Mitwelt in dieser Hinsicht genau so überragte, wie die späteren mathematischen Heroen die ihrige. War er außerdem der Entdecker des Goldnen-Schnitt-Verhältnisses, so zwingen geschichtliche Analogien zu der Annahme, daß er mit dem Bau der Pyramide nicht nur einen Auftrag ausführte, dessen Zweck uns heute noch dunkel, sondern daß er gleichzeitig seine mathematische Entdeckung in einem unvergänglichen Bauwerk fortleben lassen wollte. Solche Denkweise, großen mathematischen Geistern zu allen Zeiten eigen, ist ohne Verständnis für Mathematik nur schwer zu erfassen, gleichwie nur wenige ermessen können, wie restlos die Gedankenwelt des großen Mathematikers von seiner Wissenschaft erfüllt ist.

P. J. Möbius sagt hierüber:

> „Es ist mit der Mathematik nicht anders als mit der Musik, der Malerei, der Dichtkunst. Jurist, Mediziner, Chemiker kann jeder werden, und wenn er gescheit und fleißig ist, so kann er es weit bringen; Maler aber oder Musiker oder Mathematiker kann nicht jeder werden, die Gescheitheit im allgemeinen und der Fleiß helfen da gar nichts .... Die Mathematik ist also eigentlich eine Kunst, d. h. ein Können, das nicht willkürlich erworben werden kann ..... Wie andere Künstler findet auch der Mathematiker in seiner Kunst alle Freude. Daß einer von Beruf Mathematiker sei, daneben aber ein Steckenpferd reite, die Mathematik als Arbeit, das andere als Freude ansehe, das kommt nicht vor. Ein Jurist kann sehr tüchtig sein und doch mit dem Herzen nicht dabei; bei einem Mathematiker ist das nicht möglich, so wenig wie bei einem Musiker oder Maler"[28]).

Poisson kennzeichnet diese Denkweise der Mathematiker kurz und treffend: „Das Leben ist eigentlich nur zu zwei Dingen gut: Mathematik zu lernen und zu lehren."

---

[28]) P. J Möbius, »Über die Anlage zur Mathematik«, Leipzig 1900, S. 5.

Spengler stellt ebenfalls die Mathematik als eine Kunst direkt neben Musik, Plastik und Malerei, den Mathematiker „neben die großen Meister der Fuge, des Meißels und des Pinsels"[29]). Er zitiert Goethe: „daß der Mathematiker nur insofern vollkommen sei, als er das Schöne des Wahren in sich empfinde", und Weierstraß: „Ein Mathematiker, der nicht zugleich ein Stück von einem Poeten ist, wird niemals ein vollkommner Mathematiker sein."

Nun ist aber die Natur in der Verteilung mathematischer Fähigkeiten augenscheinlich etwas sparsam gewesen, so daß auch vorstehende klassische Aussprüche nicht auf allgemeines Verständnis rechnen können. Es sollte aber doch leicht einzusehen sein, daß Zahlen, Töne, Steine und Farben etwas Gegebenes sind, in deren Chaos nur der gottbegnadete Künstler Ordnung hineinzubringen vermag. Erst durch schönes Maß, abgewogene Größe, strenge Beziehung und Harmonie vermag er aus ihnen eine Kunstform zu schaffen. Für Werke der Musik, Plastik und Malerei zieht dies niemand in Zweifel, und zwar aus dem einfachen Grunde, weil die schönen Künste unvermittelt auch auf das einfachste menschliche Gemüt zu wirken imstande sind, der Sage nach sogar auf Tiere. Tieferes Verständnis erhöht zwar den Genuß, ist aber nicht Bedingung für ihn.

Ganz andere Anforderungen stellt jedoch „die Kunst der Mathematik" an den, der ihre Schönheit in sich aufnehmen will. Niemals kann die Schönheit ihrer Wahrheiten empfunden werden, wenn nicht vorher durch gründliches Wissen Verständnis dafür geschaffen wurde. Nur so ist Goethes Wort zu verstehen, daß der Mathematiker nur insofern vollkommen sei, als er das „Schöne des Wahren" in sich empfinde.

Die Schönheit der mathematischen Wahrheit hat dabei nichts mit Schwierigkeiten ihrer Erkenntnis zu schaffen, noch weniger allerdings mit ihrer praktischen Verwendbarkeit. Die Wahrheit, daß die Winkelsumme im Dreieck gleich zwei Rechten, hat auf ihren ersten Erkenner unzweifelhaft die gleiche Wirkung ausgeübt, wie der pythagoreische Lehrsatz oder die Erkenntnis, daß die Parabelfläche gleich zwei Dritteln des umschriebenen Rechtecks, die Länge der gemeinen Zykloide gleich dem vierfachen Durchmesser, ihre Fläche gleich dem dreifachen Inhalt des Erzeugungskreises, daß die Oberfläche der Kugel gleich der Mantelfläche des ihr umschriebenen Zylinders sei, auf die ersten Entdecker dieser Sätze. Diese Kette elementarer Wahrheiten pflanzt sich selbstverständlich fort in unabsehbarer Folge bis in die höchsten, nur auserwählten Geistern zugänglichen Regionen.

---

[29]) Spengler[5], S. 90.

Wie nun diese Erkenntnis mathematischer Wahrheit mit elementarer Gewalt auf ihre Entdecker wirkt, davon gibt die Geschichte der Mathematik der Beweise genug.

Pythagoras (580—501 v. Chr.) opferte bei Entdeckung des nach ihm benannten Lehrsatzes nach Vitruv eine Hekatombe. Proklos — vorsichtiger — berichtet allerdings nur von einem Ochsen.

Archimedes (287—212 v. Chr.), sicherlich der genialste Mathematiker des Altertums, sprang, wieder nach Vitruv, bei der im Bad gemachten Entdeckung des nach ihm benannten hydrostatischen Prinzips unter Nichtachtung der Gefahr, sich einen kräftigen Schnupfen zu holen, mit dem Rufe: „Heureka — heureka" aus dem Bade. Da aber die Badegeschichte bei Proklos fehlt, können Zweifler die ganze Begebenheit in das Reich der Mythe verweisen.

„Sicher steht dagegen die Tatsache, daß Archimedes den Wunsch ausgesprochen, man möge ihm auf sein Grab eine von einem Zylinder umschlossene Kugel setzen, mit der Angabe des Verhältnisses der Volumina 2:3, denn auf diese Entdeckung legte er den größten Wert (man denke an Newton und den Binom). Marcellus hat den Wunsch erfüllt, Cicero berichtet l. c., daß er, der 75 v. Chr. als Quästor auf Sizilien seines Amtes waltete, an dieser Inschrift das verfallene Grabmal des Archimedes erkannt und das Grab wieder instandgesetzt habe" [30]).

Ludolph van Ceulen (1540—1610) berechnete erstmalig die Zahl π auf 32 und später auf 35 Stellen.

„Daß Ludolph auf seine mathematische Leistung nicht wenig stolz war, beweist die Tatsache, daß er in seinem Testament bestimmte, die 35 Dezimalstellen sollten auf seinen Grabstein eingeschrieben werden" [31]).

Daß dieser Wunsch erfüllt wurde, bestätigt Tropfkes Angabe: „Die drei letzten Stellen sind auf seiner Grabschrift in Leiden verzeichnet" [32]).

Newton (1643—1727) wurde bereits oben von Simon erwähnt. Die von ihm selbst als seine größte mathematische Entdeckung bezeichnete Erweiterung des binomischen Lehrsatzes erachtete er als so wichtig, daß er die binomische Reihe auf seinen Grabstein eingemeißelt haben wollte!

Dabei besaß Newton nicht einmal einen einwandfreien Beweis dieses Theorems. Er hat sich vielmehr mit einem Induktionsbeweis und der Gewißheit, stets richtige Resultate mit seinem Satze zu erhalten, begnügt [33]).

---

[30]) Simon [19], S. 262.

[31]) E. Beutel, »Die Quadratur des Kreises«, Leipzig 1903, S. 31.

[32]) Dr. J. Tropfke, »Geschichte der Elementar-Mathematik«, Berlin 1923/24, IV, S. 217.

[33]) Ebenda VI, S. 41.

Tropfke sagt allerdings: „Daß die binomische Reihe auf Newtons Grabstein eingemeißelt war, ist (nach Cajori) nur eine Anekdote[34]). Aber auch Anekdoten kennzeichnen den Charakter einer Persönlichkeit.

Jakob Bernoulli (1654—1705), der größten Mathematiker einer, entdeckte unter anderen schönen Eigenschaften der logarithmischen Spirale auch die, daß ihre Evolute sowohl wie ihr Evolvente ihr kongruente Spiralen sind, d. h., daß sie, abgewickelt, immer wieder sich selbst erzeugt, eine Eigenschaft, die nur die gemeine Zykloide bis zu einem gewissen Grade mit ihr teilt.

Entzückt und begeistert von dieser Eigenschaft der logarithmischen Spirale, sich immer wieder selbst zu erzeugen, schrieb der berühmte Geometer:

> *„Da mir aber diese wunderbare Spirale wegen ihrer ebenso einzigartigen als bewundernswerten Eigenschaft so über alle Maßen gefällt, daß ich mich ihrer Betrachtung kaum ersättigen kann, so bin ich auf den Gedanken gekommen, daß sie nicht unpassend zur symbolischen Darstellung verschiedener Dinge verwendet werden könne. Denn da sie ja immer eine sich ähnliche und gleiche Spirale erzeugt, wie sie auch gewickelt oder abgewickelt werde, oder wie sie auch strahle, so könnte sie, eine der Mutter im höchsten Maße ähnliche Tochter, ein Bild dafür abgeben, wie das Kind in allen Stücken den Eltern gleicht; oder sie könnte (wenn man einen Gegenstand ewiger Wahrheit mit den Geheimnissen des Glaubens in Verbindung bringen darf) sogar eine Veranschaulichung sein der ewigen Zeugung des Sohnes, der gleichsam das Ebenbild des Vaters und, von diesem ausströmend wie das Licht vom Lichte, gleichen Wesens mit ihm ist. Oder, wenn man lieber will, könnte unsere wunderbare Kurve auch, weil sie in der Veränderung selbst sich doch immer auf das beständigste ähnlich und in der Zahl dieselbe bleibt, das Sinnbild der Tapferkeit und Standhaftigkeit in Anfechtungen sein, oder auch das Sinnbild unseres Fleisches, das nach mannigfachen Wandlungen und endlich nach seinem Tode in der Zahl wiederauferstehen wird. Daher, wenn es heute noch Sitte wäre, dem Archimedes nachzuahmen, würde ich gern bestimmen, daß diese Spirale auf meinen Grabstein eingemeißelt würde mit der Inschrift: Verändert und doch dieselbe in der Zahl wird sie auferstehen."*[35])

---

[34]) Tropfke[32] VI, S. 41, Fußnote 210.

[35]) Im Original lautet die Stelle: „*Cum autem ob proprietatem tam singularem tamque admirabilem mire mihi placeat spira haec mirabilis, sic ut ejus contemplatione satiari vix queam, cogitavi illam ad varias res symbolice repraesentandas non inconcinne adhiberi posse. Quoniam enim semper sibi similem et eandem spiram gignit, utcumque volvatur, evolvatur, radiet; hinc poterit esse vel sobolis parentibus per omnia similis Emblema, Simillima Filia Matri; vel (si rem aeternae veritatis Fidei mysteriis accomodare non est prohibitum) ipsius aeternae generationis Filii, qui Patris velut Imago, et ab illo ut Lumen a Lumine emanans eidem* ὁμόσιος *existit, qualiscumque adumbratio.*

Der Enthusiasmus für die Schönheit einer mathematischen Wahrheit kann wohl nicht besser ausgedrückt werden als durch diesen dichterischen Erguß eines „trocknen Mathematikers".

Seinen im Kreuzgang des Münsters zu Basel aufgestellten Grabstein ziert, in Erfüllung des von ihm ausgesprochenen Wunsches, als Umschrift der durch Abwicklung bis in alle Ewigkeit sich stets wieder erzeugenden logarithmischen Spirale der Wahlspruch:

„**Eadem Mutata Resurgo**"[36]).

Daß der Steinmetzmeister auf dem Grabstein statt der logarithmischen Spirale eine archimedische eingemeißelt hat, wird ihm die Nachsicht des Kundigen verzeihen.

„*Als Karl Friedrich Gauß am 23. Februar 1855 die Augen geschlossen hatte, ließ Hannovers König zum Gedächtnis des tiefsinnigen Forschers und Denkers, der fast ein halbes Jahrhundert hindurch die glänzendste Zierde seiner Landes-Universität Göttingen gewesen war, eine Medaille prägen mit der Aufschrift: ,Georgius V. rex Hannoverae mathematicorum principi'. Als ,Princeps Mathematicorum', als ,Fürst der Mathematiker' hatte Gauß schon im Leben ganz unbestritten dagestanden, und als der erste Mathematiker aller Zeiten und Völker steht er heute im Urteil der Fachgelehrten da; niemals in der Geschichte aller Wissenschaften hat die gesamte zeitgenössische Fachwelt, auch ihre größten, berühmtesten und stolzesten Vertreter eingeschlossen, die unbedingte geistige Überlegenheit eines einzelnen Gelehrten so uneingeschränkt und neidlos anerkannt und bewundert wie bei diesem einzigen Manne*"[37]).

Mit 19 Jahren schuf Gauß seine Theorie der Kreisteilung, in der er die Bedingungen dafür festlegte, wann ein Kreis elementar, d. h. unter alleiniger Benutzung von Zirkel und Lineal, in gleiche Teile geteilt werden kann. Die durch ihn so berühmt gewordene elementare Konstruktion des regelmäßigen Siebzehnecks ist nur ein Einzelfall dieser Theorie.

„*Ähnlich wie Archimedes Kugel und Zylinder, hatte auch Gauß auf seinem Grabdenkmal die Figur des Siebzehnecks gewünscht, ein Beweis, wie hoch er selbst seine Entdeckung einschätzte. Der Wunsch ist ihm nicht*

Aut, si mavis, quia Curva nostra mirabilis in ipsa mutatione semper sibi constantissime manet similis et numero eadem, poterit esse vel fortitudinis et constantiae in adversitatibus; vel etiam Carnis nostrae post varias alterationes, et tandem ipsam quoque mortem ejusdem numero resurrecturae symbolum; adeo quidem, ut si Archimedem imitandi hodiernum consuetudo obtineret, libenter Spiram hanc tumulo meo juberem incidi cum Epigraphe: Eadem numero mutata resurget." Dr. Gino Loria, »Spezielle algebraische und transzendente ebene Kurven«, Leipzig 1911, II, S. 67.

[36]) »Die Basler Mathematiker Daniel Bernoulli und Leonhard Euler«, Basel 1884, S 36

[37]) W. Ahrens, »Mathematiker-Anekdoten«, Leipzig 1916, S. 2.

erfüllt worden; doch hat man bei dem Denkmal in Braunschweig Gauß'
Statue auf ein Siebzehneck gestellt" [38]).

Wo ist nun der Anfang und wo das Ende?

War Archimedes der Erste und Gauß der Letzte? Ist der Gedanke
so abwegig, daß sie alle nur Glieder einer Reihe sind, die sich in dämm-
rige Vorzeit verliert und auch den Erbauer der Großen Pyramide
in sich aufnimmt, als einen von den vielen, die ohne Rücksicht auf irgend-
welche praktischen Bedürfnisse die mathematische Wissenschaft förderten,
einzig und allein der Wissenschaft zum Nutzen und sich selbst zur Be-
friedigung?

Denn zweifellos ist, daß die 35 Stellen Ludolphs ebenso weit von
jeder praktischen Anwendungsmöglichkeit entfernt sind als die Spirale
Bernoullis und Gaußens Siebzehneck. Und doch dünkten diese Theoreme
ihren Entdeckern wichtiger als alles andere, wichtig genug, ihr eigenes
Leben zu überdauern, der Nachwelt überliefert zu werden. Bleibt dann
zwischen dem Pyramidenerbauer und dem „Princeps Mathematicorum"
mehr als ein gradueller Unterschied?

Alles mit unseren Sinnen Wahrnehmbare ist — nicht erst seit Ein-
stein — relativ. Der unbekannte Pyramidenerbauer ragte an Wissen
und Macht höher über seine Zeitgenossen als Leibniz, Newton, Gauß
über die ihrigen. Seine Größe wurde uns allein durch sein stummes
Werk, nicht durch redende Urkunden überliefert, sei es infolge leidiger
Geheimniskrämerei, wie sie in der Geschichte der Mathematik nur zu oft
auftritt, sei es, weil sich Papyri und Leder minder dauerhaft erwiesen
als gebrannte Tontafeln. Spengler spricht von der „stets ungeschrieben
gebliebenen ägyptischen Mathematik"[39]).

P. J. Möbius unterscheidet zwischen mathematischem Talent und
Genie. Dem Talent nach teilt er die Menschheit in vier Klassen: 1. Mathematiker sensu proprio, welche die Fähigkeit haben, sich die höhere
Mathematik anzueignen, 2. Gutbefähigte (Ingenieure, Techniker, See-
leute, Artilleristen, die in ihrem Berufe Tüchtiges leisten, 3. Normale,
die das mathematische Pensum des Gymnasiums verstehen und 4.Unter-
normale (worunter er — nicht sehr galant — die meisten Weiber und
nicht wenige Männer begreift).

Bei der Wertung des Oberflächenverhältnisses der Großen Pyramide
wird sich wohl eine ähnliche Einteilung der darüber Urteilenden ergeben:
mathematische Historiker, mathematisch Gebildete, Unvoreingenommene

---

[38]) Tropfke[3], IV, S. 194.
[39]) Spengler[5], S. 92.

und Ägyptologen. Wenn insbesondere letztere jegliche Mathematik bei der Pyramide von vornherein ablehnen, so ist das leicht begreiflich:

"*R. Lepsius, der große Ägyptologe, hat die Tafel (von Senkereh) 1877 in der Berliner Akademie in einer längeren Arbeit behandelt. Abgesehen davon, daß ihm die mathematische Bildung mangelte, um einzusehen, daß eine Tabelle der Quadratzahlen zugleich eine der Wurzeln ist, hat er in der Tabelle, deren linke Kolonne benannte, deren rechte unbenannte Zahlen enthält, einen Vergleich sumerischer und assyrischer Längenmaße gesehen*"[40].*

Wenn der Beweis, wie er von dieser Seite verlangt wird, nicht völlig exakt geführt werden kann, so liegt das am Gegenstande. Denn es ist beinahe mit Sicherheit anzunehmen, daß Pläne und Schriften des Pyramidenerbauers, welche über die Entstehung der Großen Pyramide eindeutig Aufschluß geben könnten — wenn sie jemals vorhanden gewesen sind — nie mehr ans Tageslicht kommen werden.

Schließlich ist aber bei allen Dingen, die sich nicht exakt entscheiden lassen, nicht nur der verstandesmäßige Kalkul, sondern auch die eigene Überzeugung und die Überzeugungskraft des Autors von der größten Bedeutung. Wer durch die vorliegende Arbeit genügendes Interesse an dem Pyramidenproblem gewonnen hat, der möge in die letzte Literatur[41], einschließlich der angeführten Schriften Borchardts, Einsicht nehmen, um selbst zu entscheiden, auf welcher Seite die größere Überzeugungskraft zu finden ist.

In diesem Zusammenhange verdient noch ein Umstand Beachtung: Nachdem durch die ersten Vermessungen an der Pyramide überhaupt der Boden für "Theorien" vorbereitet war, ging das selbstverständliche Streben aller späteren Forscher dahin, durch weitere Vermessungen Bausteine für ihre Theorien herbeizutragen. Die dankenswerte Anregung Borchardts, neue Vermessungen mit den modernsten Hilfsmitteln vorzunehmen, konnte jedoch nach seiner ganzen bisherigen Stellungnahme nicht aus gleicher Absicht geboren sein. Seine "Willkürtheorie" setzte nur das Böschungsverhältnis $5\frac{1}{2}:7$ voraus, das durch die heute allgemein anerkannten Maße 220 und 280 Ellen genügend gestützt war. Die bisherigen phantastischen mathematisch-astronomischen Theorien wirkten nur auf Urteilslose und waren für Verständige im voraus abgetan. Nicht so die vom Verfasser vertretene Oberflächentheorie, die als nüchternste und klarste

---

[40] Simon[19], S. 105/106.
[41] Siehe Literaturverzeichnis bei Borchardt[10] und Landt[11].

auch am schwersten zu widerlegen war. Ihr konnte der Boden nur
entzogen werden, wenn neue Vermessungen andere Maße als die
genannten erbrachten. Fiel damit auch die $5^1/_2 : 7$-Theorie, so be-
stätigte dies um so besser die „Willkür", die nach Borchardt beim
Bau der Pyramide geherrscht haben soll.

Die anerkennenswerte Genauigkeit der Vermessungen Coles
brachte allerdings ein anderes Resultat — eine noch bessere zahlenmäßige Begründung des Oberflächenverhältnisses, als die besten bisherigen Maße, die Petrieschen, gaben.

Wie sagt Flinders Petrie, der nüchternsten Urteiler einer?
„Eine Theorie sollte auf ihren eigenen Vorzügen stehen, ohne Rücksicht
auf das Ansehen ihres Verfechters ...."

www.ingramcontent.com/pod-product-compliance
Lightning Source LLC
Chambersburg PA
CBHW081247190326
41458CB00016B/5955